中等职业学校以工作过程为导向课程改革实验项目
电子与信息技术专业核心课程系列教材

多媒体网络技术

主　编　苏朋艳

机械工业出版社

本书是北京市教育委员会实施的"北京市中等职业学校以工作过程为导向课程改革实验项目"电子与信息技术专业核心课程系列教材之一，依据北京市教育委员会与北京教育科学研究院组织编写的"北京市中等职业学校以工作过程为导向课程改革实验项目"电子与信息技术专业教学指导方案及相关课程标准，并参照相关国家职业标准和行业职业技能鉴定规范编写而成。

本书选取了制作电子相册、制作视频短片、局域网综合布线的设计与实施、搭建局域网网络环境4个与大家日常生活密切相关的多媒体及网络技术应用项目为载体，详细介绍了多媒体基础知识及应用、局域网基础知识及应用。

本书可作为中等职业学校电子信息类专业的教学用书，也可作为相关工程技术人员的自学参考用书。

为了便于教学，本书配有电子课件，选择本书作为教材的教师可来电（010-88379195）索取，或登录www.cmpedu.com网站，注册、免费下载。

图书在版编目（CIP）数据

多媒体网络技术/苏朋艳主编. —北京：机械工业出版社，2016.9
中等职业学校以工作过程为导向课程改革实验项目　电子与信息技术专业核心课程系列教材
ISBN 978-7-111-55170-6

Ⅰ.①多…　Ⅱ.①苏…　Ⅲ.①多媒体技术-中等专业学校-教材②计算机网络-中等专业学校-教材　Ⅳ.①TP37②TP393

中国版本图书馆 CIP 数据核字（2016）第 248088 号

机械工业出版社（北京市百万庄大街22号　邮政编码100037）
策划编辑：郑振刚　责任编辑：郑振刚　范成欣　责任校对：刘秀芝
封面设计：路恩中　责任印制：常天培
涿州市星河印刷有限公司印刷
2017年1月第1版第1次印刷
184mm×260mm·12.5印张·303千字
0001—1500册
标准书号：ISBN 978-7-111-55170-6
定价：34.00元

编 写 说 明

为更好地满足首都经济社会发展对中等职业人才的需求，增强职业教育对经济和社会发展的服务能力，北京市教育委员会在广泛调研的基础上，深入贯彻落实《国务院关于大力发展职业教育的决定》及《北京市人民政府关于大力发展职业教育的决定》文件精神，于2008年启动了"北京市中等职业学校以工作过程为导向课程改革实验项目"，旨在探索以工作过程为导向的课程开发模式，构建理论实践一体化、与职业资格标准相融合，具有首都特色、职教特点的中等职业教育课程体系和课程实施、评价及管理的有效途径和方法，不断提高技能型人才培养质量，为北京率先基本实现教育现代化提供优质服务。

历时五年，在北京市教育委员会的领导下，各专业课程改革团队学习、借鉴先进课程理念，校企合作共同建构了对接岗位需求和职业标准，以学生为主体、以综合职业能力培养为核心、理论实践一体化的课程体系，开发了汽车运用与维修等17个专业教学指导方案及其232门专业核心课程标准，并在32所中职学校、41个试点专业进行了改革实践，在课程设计、资源建设、课程实施、学业评价、教学管理等多方面取得了丰富成果。

为了进一步深化和推动课程改革，推广改革成果，北京市教育委员会委托北京教育科学研究院全面负责17个专业核心课程教材的编写及出版工作。北京教育科学研究院组建了教材编写委员会和专家指导组，在专家和出版社编辑的指导下有计划、按步骤、保质量完成教材编写工作。

本套教材在编写过程中，得到了北京市教育委员会领导的大力支持，得到了所有参与课程改革实验项目学校领导和教师的积极参与，得到了企业专家和课程专家的全力帮助，得到了出版社领导和编辑的大力配合，在此一并表示感谢。

希望本套教材能为各中等职业学校推进课程改革提供有益的服务与支撑，也恳请广大教师、专家批评指正，以利进一步完善。

北京教育科学研究院

2013 年 7 月

前言

本书是根据北京市中等职业学校以工作过程为导向课程改革实验项目电子与信息技术专业核心课程"专业音响系统安装工程"课程标准编写的。 该门课程是根据电子与信息技术专业学生就业岗位典型职业活动中所需要的知识、能力整合的专业核心课程，理论与实践并重。

中等职业学校的电子信息专业主要培养的是一线的技术应用型人才，而这类人才的培养与行业的发展、需求息息相关。 职业教育教学改革的焦点是如何将教学的核心迁移到动手能力的培养上。 在这种理念指引下，我们以《多媒体网络技术》大纲为依据，重新整合课程理论知识、设计项目及任务载体，合理安排知识点与技能点，突出技术应用及实操。

本书以制作多媒体作品、局域网布线和搭建项目为框架，以生活实例为引线，进行知识点的编排和讲解，目的是使学生对这门课产生熟知和亲切感，引发学生对这门课的学习兴趣。

本书围绕 4 个学习单元进行介绍。 前两个单元为本书多媒体部分的内容。 学习单元一以制作电子相册项目为载体，进行数字图像处理，从相册素材采集、电子相片处理到电子相册生成，循序渐进逐一完成任务。 学习单元二以制作视频短片项目为载体，学习数字视频的制作方法，通过视频素材采集、视频短片编辑、视频短片输出三个任务完成相关内容的学习及制作。 学习单元三和学习单元四为本书网络部分的内容。 学习单元三以局域网综合布线的设计与实施为载体，学习综合布线工具的使用及配线端接线、子系统的设计与施工安装、综合布线系统的验收。 学习单元四共有 3 个项目，分别以组建、配置与调试小型对等网，局域网的组建与调试，组建 C/S（客户机/服务器）局域网为载体，学习搭建局域网网络环境的相关知识及操作。

本书的编写分工如下：苏朋艳、邱悦、柳云梅编写了学习单元一和学习单元二，李岩编写了学习单元三，曹颖、王森编写了学习单元四，参与编写的还有路远、马小锋，在此一并表示感谢。

由于编者水平有限，书中难免有不妥之处，恳请读者批评指正。

编　者

目录 CONTENTS

学习单元一
数字图像处理

※单元概述※

　　简单来说，电子相册是指可以在计算机上观赏的特殊文档，内容不止是摄影照片，还可以包括各种艺术创作图片。电子相册以图、文、声、像并茂的表现手法，随意修改编辑的功能，快速的检索方式，永不褪色的恒久保存特性，以及廉价复制分发的优越性能获得了人们的喜爱和青睐。本单元主要学习电子相册的制作方法。

项目 制作电子相册

※项目描述※

在本项目中，以宠物狗相册为例，学习制作电子相册的流程及操作，包括从网络上下载素材、用图形图像处理软件对图片进行编辑以及用多媒体软件制作电子相册。本项目主要学习以下内容：了解多媒体的概念、相关知识和设备，掌握从网上下载素材的方法；初步掌握 Photoshop 软件的使用，学习简单的图像处理操作；学习使用 PowerPoint 软件制作电子相册的操作流程和方法。通过本项目的学习，学会简单的素材搜集、图片编辑和制作电子相册的操作方法。

※项目分析※

本项目设置了以下三个任务：电子相册素材采集、电子相片处理、电子相册生成，如图 1-1 所示。通过这三个任务的学习，熟悉电子相册制作的流程和软件的基本使用方法。

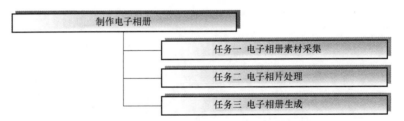

图 1-1　制作电子相册包括的三个任务

※项目准备※

硬件：多媒体计算机、支持网络连接。

软件：Photoshop 软件、PowerPoint 软件。

任务一　电子相册素材采集

任务描述

在电子相册的制作过程中，往往需要多种形式的素材，如图片、背景音乐等。本任务以

360 安全浏览器和百度搜索引擎为例，从网络上搜集制作宠物狗相册所需要的背景图片和背景音乐，并对素材文件夹进行管理。

任务分析

本任务分为以下几个步骤：创建素材文件夹、下载图片素材、下载音乐素材和整理素材（见图 1-2）。通过本任务，可以完成电子相册素材的初步搜集和整理工作。

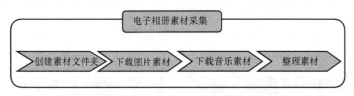

图 1-2　电子相册素材采集的步骤

知识储备

一、多媒体和多媒体技术

1. 多媒体的定义
媒体是指传递信息的载体，如数字、文字、声音、图形等。
多媒体是指融合两种或两种以上媒体的一种人机交互式信息交流和传播载体。

2. 多媒体技术的定义
多媒体技术从不同的角度有着不同的定义，它不是各种信息媒体的简单复合，而是一种把文本、图形、图像、动画和声音等形式的信息结合在一起，并通过计算机进行综合处理和控制，能支持完成一系列交互式操作的信息技术。

二、多媒体信息的类型及特点

1. 文本
文本是以文字和各种专用符号表达的信息形式。它是现实生活中使用最多的一种信息存储和传递方式，主要用于对知识的描述性表示，如阐述概念、定义、原理和问题以及显示标题、菜单等内容。

2. 图像
图像是多媒体软件中最重要的信息表现形式之一。它是决定一个多媒体软件视觉效果的关键因素。

3. 动画
动画是利用人的视觉暂留特性，快速播放一系列连续运动变化的图形图像，包括画面的缩放、旋转、变换、淡入、淡出等特殊效果。通过动画可以把抽象的内容形象化，使许多难以理解的内容变得生动有趣。合理使用动画可以达到事半功倍的效果。

4. 声音
声音是人们用来传递信息、交流感情最方便的方式之一。在多媒体课件中，按其表达形式，可将声音分为讲解、音乐、效果三类。

5．视频影像

视频影像具有时序性与丰富的信息内涵，常用于交代事物的发展过程。

任务实施

步骤 1：创建素材文件夹

1）在桌面上双击"我的电脑"图标，在弹出的窗口中选择要存储文件和素材的磁盘后单击鼠标，本例中将文件存储在 D 盘，如图 1-3 所示。

2）在窗口空白处单击鼠标右键，在弹出的快捷菜单中选择"新建"→"文件夹"，创建一个新文件夹，如图 1-4 所示。

图 1-3　选择创建素材文件夹的位置　　　　图 1-4　创建新文件夹

3）将"新建文件夹"命名为"电子相册"，如图 1-5 所示。

4）双击"电子相册"文件夹，在该文件夹内部新建"背景图片""背景音乐"和"电子照片"文件夹，如图 1-6 所示。

图 1-5　为新文件夹命名　　　　图 1-6　创建不同类型素材的子文件夹

小提示：
① 文件夹的命名最好有一定含义，便于查找和使用。
② 不同类型的素材文件放在各自文件夹中，便于素材文件的管理。

步骤 2：下载图片素材

1）双击桌面上的 360 安全浏览器图标，打开网页浏览器，如图 1-7 所示。

2）在常用的网址中选择"百度"，或者在网页地址栏中输入"www.baidu.com"，如图1-8 所示。

图1-7　360安全浏览器

图1-8　选择进入"百度"

3）在文本框中输入关键词"背景图片风景"，然后单击"图片"导航链接，如图1-9所示，进入百度图片搜索页面。

4）选择合适的图片，单击鼠标，进入图片搜索结果页面。

5）在图片上单击鼠标右键，在弹出的快捷菜单中单击"图片另存为"命令，如图1-10所示。在"另存为"对话框中选择保存文件的位置和文件名，将背景图片文件保存到磁盘上的"背景图片"文件夹中，如图1-11所示。

6）回到图片搜索界面，再次选择需要的背景图片，下载保存，完成效果如图1-12所示。

步骤3：下载音乐素材

1）在百度引擎上单击"音乐"，在文本框中输入关键词"memory"，单击"百度一下"按钮，如图1-13所示。

图 1-9　输入搜索关键词

图 1-10　保存图片

图 1-11　保存后的背景图片

图 1-12　下载的电子照片

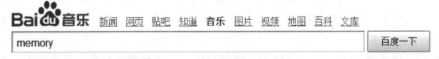

图 1-13　搜索音乐

　　2）在搜索到的音乐列表中选择需要的音乐，单击"下载"按钮，进入下载窗口，如图 1-14 和图 1-15 所示。

搜索"memory"，找到相关歌曲共5405首。

	歌曲(1000+)	歌手(7)	专辑(261)	歌词(1000+)		找不到你想要的?
☐ 全部	▶ 播放选中歌曲	╋ 加入播放列表				
☐ 01	Memory ⊙		Sarah Brightman	《Arias Ancora》	无损	▶ ╋ 孟 ☐
☐ 02	Memory ⊙		Elaine Paige / Sarah Brightman	《Cats (Uk)》		▶ ╋ 孟 ☐
☐ 03	🌐 Memory ▥		FTISLAND	《THANKS TO》		▶ ╋ 孟 ☐
☐ 04	Memory ▥ ⊙ 综艺节目《我是歌手》第一季半决赛 现场		辛晓琪	《我是歌手 半决赛》	无损	▶ ╋ 孟 ☐
☐ 05	Memory ▥ ⊙		Barbra Streisand	《芭芭拉史萃珊-世纪典藏》		▶ ╋ 孟 ☐
☐ 06	🌐 Memory		理查德·克莱德曼	《The Solid Gold Collection disc2》		▶ ╋ 孟 ☐
☐ 07	Memory 伴奏纯音乐		Stan Whitmire	《Piano On Broadway》	无损	▶ ╋ 孟 ☐
☐ 08	Memory ▥		薛之谦	《薛之谦》	无损	▶ ╋ 孟 ☐

图 1-14　选择要下载的音乐

3）在下载窗口单击"下载"按钮，在打开的"新建下载任务"对话框中设置好下载音乐的名称和保存的路径，单击"下载"按钮，如图 1-16 所示。将音乐存储到"背景音乐"文件夹中，如图 1-17 所示。

图 1-15　下载窗口

图 1-16　"新建下载任务"对话框

图 1-17　存储下载的音乐

小提示：利用搜索引擎，还可以下载视频、搜索地图，其操作方法类似于下载图片、音乐。

步骤 4：整理素材

1）从不同的磁盘、不同文件夹下找到要做电子相册的电子照片，单击鼠标右键，在弹出的快捷菜单中单击"复制"命令。

2）回到事先建立好的"电子照片"文件夹，单击鼠标右键，在弹出的快捷菜单中单击"粘贴"命令，将照片复制到该文件夹下。

3）选择其中一张照片，单击鼠标右键，在弹出的快捷菜单中单击"重命名"命令，输入新的文件名，为照片重新命名，重命名后的电子照片如图 1-18 所示。

图 1-18 整理后的电子照片

这样，制作电子相册所需要的图片和音乐素材就准备好了，可以进行下一步的操作了。

知识链接

一、常见的多媒体硬件设备

多媒体设备是指可以提供诸多多媒体功能的设备，可以分为输入设备和输出设备。

1. 输入设备

输入设备是向计算机输入数据和信息的设备，是计算机与用户或其他设备通信的桥梁。常见的多媒体输入设备有话筒、摄像头、录音笔、扫描仪、数码照相机、数码摄像机、手写板、绘图板等，如图 1-19 所示。

图 1-19 常见多媒体输入设备

a）话筒 b）摄像头 c）录音笔 d）扫描仪 e）数码照相机 f）数码摄像机 g）手写板 h）绘图板

2. 输出设备

输出设备是计算机的终端设备，用于接收计算机数据的输出显示、打印、声音、控制外围设备操作等。常见的多媒体输出设备有打印机、投影仪、音箱等，如图 1-20 所示。

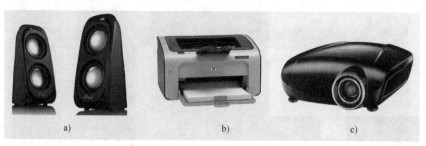

图 1-20　常见多媒体输出设备
a）音箱　b）打印机　c）投影仪

任务二　电子相片处理

任务描述

在电子相册的制作中会使用大量的电子相片，但是很多相片的拍摄并不是在专业的环境下进行的，往往有很多瑕疵，如照片中的对象太小、照片模糊或者存在一些干扰性的图像内容等，这时就需要先对照片进行处理，以使相册中的照片具有最好的图像效果。在本任务中，将使用 Photoshop 软件对相册中的宠物狗照片进行处理，并利用该软件合成漂亮的相册背景图片。

任务分析

本任务分为以下几个步骤：图片裁剪、色彩调整、逆光照片处理、模糊照片处理、图片修复、红眼处理、合成背景图片，如图 1-21 所示。通过本任务的学习，可以解决生活和学习中常见的图片处理问题，为电子相册的制作做好最重要的照片准备工作。

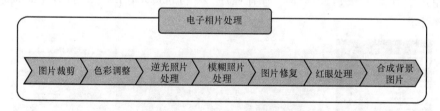

图 1-21　电子相片处理的步骤

知识储备

一、Photoshop 软件简介

Photoshop 是世界顶尖级的图像设计与制作工具软件。图像处理是对已有的位图图像进

行编辑加工处理以及运用一些特殊效果。Photoshop CS5 界面如图 1-22 所示。

菜单　　选项属性栏　　图像编辑区　　面板

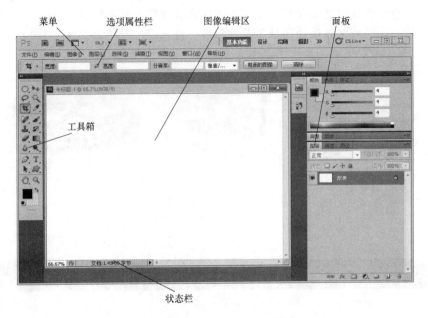

工具箱

状态栏

图 1-22　Photoshop CS5 界面

二、Photoshop 图像格式

Photoshop 中使用的一种标准图形文件格式是 PSD（Adobe Photoshop Document），它能够将不同的图形图像以层（Layer）的方式来分离保存，便于修改和制作各种特殊效果。.PSD 是 Photoshop 软件默认的文件格式。Photoshop 中也可以将文件存储为 RGB 或 CMYK 模式，还能够自定义颜色数并加以存储。

任务实施

步骤 1：图片裁剪

1）单击"开始"按钮，选择"所有程序"→"Photoshop CS5"，打开 Photoshop 软件，如图 1-23 所示。

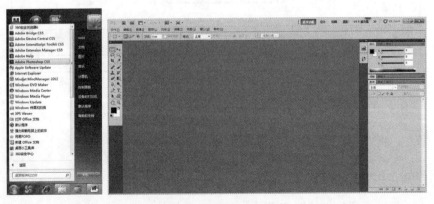

图 1-23　打开 Photoshop 软件

2）单击"文件"→"打开"命令，在"打开"对话框中选择"dog 01"文件，单击"打开"按钮，如图1-24所示。

图1-24 "打开"对话框

小提示：可以在Photoshop窗口中部的深灰色区域双击鼠标，快速进入"打开"对话框。

3）单击工具箱中的"裁剪工具"按钮，选择裁剪工具，在"dog01"图片上拖动鼠标，选择图片上要保留的区域，并可以通过调整控制点，进一步调整保留区域的大小。双击鼠标得到裁剪后的图片，如图1-25所示。

图1-25 图片裁剪前后

4）单击"文件"→"存储为"命令，弹出"存储为"对话框，在"文件名"文本框中输入"dog01-修版后"，设置文件格式为"JPEG"，单击"保存"按钮，如图1-26所示。

5）在"JPEG选项"对话框中将图像"品质"设置为"最佳"，单击"确定"按钮，如图1-27所示。

6）按照相同的方式，对有裁剪需要的照片进行裁剪处理。

小提示：素材进行编辑调整后，尽量用"另存为"的方式保存，不破坏原有素材文件。

— 11 —

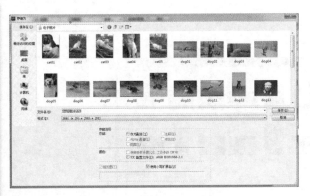

图 1-26 "存储为"对话框   图 1-27 保存"JPEG 选项"对话框

步骤 2：色彩调整

1）打开"cat03.jpg"文件，如图 1-28 所示。选择"调整"面板，单击"色阶"预设左侧的小三角，展开系统定义好的预设模式，选择"增加对比度 3"，进入"色阶"面板，如图 1-29 和图 1-30 所示。

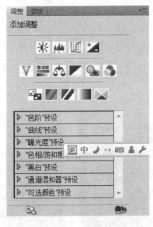

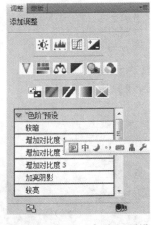

图 1-28 调整色彩前   图 1-29 进入"调整"面板   图 1-30 打开"色阶"预设

2）在"色阶"面板中进行如图 1-31 所示的设置，在"图层"面板会增加一个色阶图层，如图 1-32 所示。

图 1-31 设置色阶值   图 1-32 增加一个色阶图层

— 12 —

3）选择背景层，在"调整"面板中单击"色相/饱和度"按钮（见图1-33），进入"色相/饱和度"面板，调整"色相"和"饱和度"的设置滑块，增大饱和度，让色彩变得鲜亮，如图1-34所示。调整色彩前后对比效果如图1-35所示。

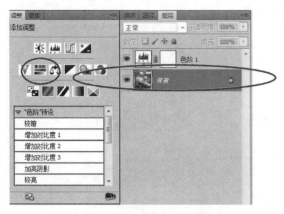

图 1-33　在背景层选择"色相/饱和度"

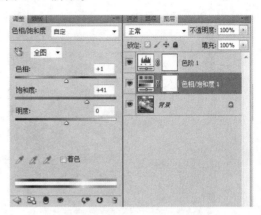

图 1-34　调整色相和饱和度的值

图 1-35　调整色彩前后对比效果

步骤3：逆光照片调整

1）打开照片"dog02.jpg"，单击"图像"→"调整"→"阴影/高光"命令，在"阴影/高光"对话框中，将"阴影"的"数量"值设置为35%，单击"确定"按钮，如图1-36所示。逆光照片调整前后对比效果如图1-37所示。

2）将调整好的照片保存为"dog02-修版后.jpg"。

图 1-36　"阴影/高光"对话框

图 1-37　逆光照片调整前后对比效果

— 13 —

步骤 4：模糊照片处理

1）打开图片"dog32.jpg"，会发现照片有一些模糊，如图 1-38 所示。单击"滤镜"→"锐化"→"USM 锐化"命令，弹出"USM 锐化"对话框，将"数量"设置为 50%、"半径"设置为 10 像素，单击"确定"按钮，如图 1-39 所示。

图 1-38 模糊的原图

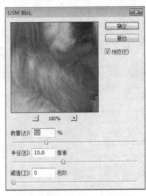

图 1-39 设置"USM 锐化"对话框

2）单击"滤镜"→"锐化"→"智能锐化"命令，弹出"智能锐化"对话框，将"数量"设置为 85%、"半径"设置为 0.5 像素，单击"确定"按钮完成调整，如图 1-40 所示。

3）将调整好的照片另存为"dog32-修版后.jpg"，最终对比效果如图 1-41 所示。

图 1-40 设置"智能锐化"对话框

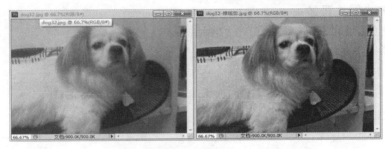

图 1-41 模糊效果调整前后对比效果

步骤 5：图片修复

1）打开裁剪好的照片"dog21-修版后.jpg"，发现图中有几处需要去除的杂质，如图 1-42 所示。

2）先处理细小的瑕疵。用鼠标单击修复工具组，在弹出的工具列表中选择"污点修复画笔工具"，如图 1-43 所示。

3）单击"选项工具栏"上的笔触调整下拉按钮，在弹出的下拉菜单中将笔触大小调整为合适的值，"硬度"为 100%，如图 1-44 所示。

图 1-42　要去除杂质的原图

图 1-43　选择"污点修复画笔工具"

4）在图片上将鼠标指针移近要去除的污点部位，鼠标指针会显示成一个小圆圈，单击鼠标左键，完成小块儿瑕疵处理，完成后对比效果如图 1-45 所示。

5）再处理面积稍微大些的瑕疵部位。选择修复工具组中的"修复画笔工具"，如图 1-46 所示。在笔触设置中将硬度设置为 50%，如图 1-47 所示。

6）在画面中选择一处与被修复部位颜色接近的位置，作为要被复制的图像，按住<Alt>键的同时单击选中的位置。

7）松开<Alt>键，将鼠标指针移到要修复的部位，按住鼠标左键进行涂抹，完成此部位的修复，完成后对比效果如图 1-48 所示。

图 1-44　调整画笔笔触硬度

图 1-45　去除小块儿污点的前后对比效果

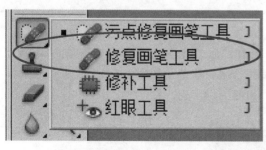

图 1-46　选择"修复画笔工具"

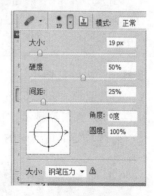

图 1-47　调整笔触硬度

图 1-48　去除较大块儿瑕疵的前后对比效果

项目

8）最后处理大块儿的画面杂质。选中修复工具组中的"修补工具"，如图1-49所示。

9）用鼠标将画面中需要处理的大块儿多余图像圈出来，然后将选区拖动到要复制的图像部分松开鼠标，取消选区，操作步骤及完成效果如图1-50所示。

10）可以看到，修补后的图像不是很清晰，可以用"修复画笔工具"进一步调整边界部位的图像，完成最终调整。对比效果如图1-51所示。

图1-49　选择"修补工具"

图1-50　使用"修补工具"处理大面积多余图像

图1-51　使用"修补画笔工具"的前后对比效果

小提示：

① 小的瑕疵可以使用"污点修复画笔工具"修复，稍大些的杂质可以用"修复画笔工具"，而大面积的多余图像的处理可以使用"修补工具"。

② 使用"修复画笔工具"调整边界时，要将"透明度"设置为100%，即没有透明度。

步骤6：去除红眼

1）打开照片"dog26.jpg"，发现照片中有红眼现象。选择工具箱中的"缩放工具"（见图1-52），将图片显示比例适当放大，使得红眼更清楚，如图1-53所示。

2）选择修复工具组中的"红眼工具"，如图1-54所示。

图1-52　选择"缩放工具"

图1-53　有红眼的原图

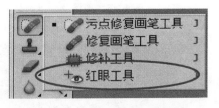

图1-54　选择"红眼工具"

3）将鼠标指针移动到红眼位置，单击鼠标，完成去除红眼的操作，去红眼前后对比效果如图 1-55 所示。将调整好的照片另存为 "dog26-修版后.jpg"。

图 1-55　使用"红眼工具"的前后对比效果

步骤 7：合成背景图片"合成背景 01.jpg"

1）在 Photoshop 软件中打开要合成背景图片的素材图片"背景 3.jpg"和"背景 19.jpg"，如图 1-56 所示。

2）选择工具箱中的"移动工具"，如图 1-57 所示。选择"背景 19.jpg"，按住鼠标左键将图片拖到"背景 3.jpg"图片上，松开鼠标，完成后的效果如图 1-58 所示。此时，在"图层"面板中自动增加一个"图层 1"，位于"背景"层的上部。

图 1-56　打开两个要合成的素材图片

图 1-57　选择"移动工具"

图 1-58　完成图片拖动

3）选择"图层"面板中的"图层 1"，单击"编辑"→"自由变换"命令，在"图层 1"的图像上会出现 8 个控制点，如图 1-59 所示。

小提示：使用自由变换命令除了菜单操作外，还可以按<Ctrl+T>组合键。

4）调整控制点，使得"图层 1"的图像大小与背景层上的图片大小相同并重合，如图 1-60所示。单击"选项工具栏"上的"确认"按钮或者按<Enter>键，完成自由变换的调整。

5）选择工具箱中的"魔棒工具"，在选项工具栏上单击"添加到选区"按钮，"容差"值设置为 32，如图 1-61 所示。

6）在"图层 1"上用鼠标单击天空部分的图像，通过多次单击，将天空部分图像选择出来，如图 1-62 所示。按<Delete>键将天空部分的图像删除，效果如图 1-63 所示。

图 1-59 使用自由变换命令后的效果

图 1-60 调整"图层 1"的图像大小

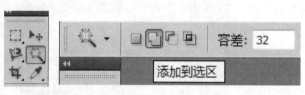

容差：32

添加到选区

图 1-61 "魔棒工具"及"添加到选区"按钮

图 1-62 选择"图层 1"的天空部分图像

7）单击"选择"→"取消选择"命令，取消选区，最终完成效果如图 1-64 所示。将合成的图片另存为"合成背景 01. jpg"。

图 1-63 删除"图层 1"的天空图像

图 1-64 最终合成效果

步骤 8：合成背景图片"合成背景 02. jpg"

1）打开素材图片"背景 3. jpg""背景 10. jpg""背景 13. jpg"，用"移动工具"将图片"背景 3"拖到"背景 13"上，在"图层"面板中自动增加一个"图层 1"，如图 1-65所示。

2）通过"自由变换"命令调整"图层 1"图片的大小和位置，完成效果如图 1-66所示。

3）选择"图层 1"，单击"图层"面板下部的"添加图层蒙版"按钮，为"图层 1"添加蒙版，如图 1-67 所示。

4）在工具箱中将前景色调整为白色、背景色调整为黑色，并选择"渐变工具"，如图1-68 和图 1-69 所示。

图 1-65　两张素材图片合成

图 1-66　调整"图层 1"的大小和位置

图 1-67　为"图层 1"添加蒙版

图 1-68　前景色和背景色

图 1-69　选择渐变工具

5）用"渐变工具"在"图层 1"的蒙版上从上向下画一条直线，如图 1-70 所示。完成后的效果如图 1-71 所示。

图 1-70　用渐变工具在"图层 1"蒙版上画直线

图 1-71　通过蒙版合成图像后的效果

6）选择图片"背景 10.jpg"，用"魔棒工具"选择天空部分，然后单击"选择"→"反向"命令，将画面中的花朵选出来，如图 1-72 所示。

7）用"移动工具"将花朵拖到图片"背景 13"上，调整位置如图 1-73 所示，在"图层"面板中自动增加一个"图层 2"。

图 1-72　选择花朵

图 1-73　将花朵合成到图像中

8）在"图层"面板中将"图层 2"拖到面板底部的"创建新图层"按钮上，增加一个"图层 2 副本"层。选择"图层 2 副本"，在图像上用"移动工具"移动刚复制出的新图像，并通过"自由变换"命令调整图像的大小，如图 1-74 所示。

9）单击"文件"→"存储为"命令，将文件名保存为"合成背景 02"，设置格式为".psd"，单击"保存"按钮。

图 1-74　最终合成效果

> 小提示：.psd 类型文件是分层文件，可以保留图像操作的细节，方便以后继续编辑。

10）再次保存文件为"合成背景 02.jpg"，以供制作电子相册时使用。

知识链接

一、色彩基本常识

彩色可用亮度、色调和饱和度来描述，人眼中看到的所有彩色光都是这三个特征的综合效果。

1）亮度：是指光作用于人眼时所引起的明亮程度的感觉。它与被观察物体的发光强度有关。

2）色调：是指当人眼看到一种或多种波长的光时所产生的彩色感觉。它反映颜色的种类，是决定颜色的基本特性，如红色、棕色就是指色调。

3）饱和度：指颜色的纯度，即掺入白光的程度，或者说是指颜色的深浅程度。对于同一色调的彩色光，饱和度越深，颜色越鲜明。通常把色调和饱和度通称为色度。亮度用来表示某彩色光的明亮程度，而色度则表示颜色的类别与深浅程度。

绝大多数颜色光也可以分解成红（Red）、绿（Green）、蓝（Blue）三种色光，这就形成了色度学中最基本的原理——三原色原理（RGB）。

二、图形相关技术指标

1）分辨率：指图像中存储的信息量，是每英寸图像内有多少个像素点。分辨率的单位为 PPI（Pixels Per Inch，像素每英寸）。

2）色彩数和图形灰度：用位（bit）表示，一般写成 2 的 n 次方，n 代表位数。当图形（图像）达到 24 位时，可表现 1677 万种颜色，即真彩。灰度的表示法类似。

三、常见的图形（图像）格式

目前的图形（图像）格式大致可以分为两大类：一类为位图，另一类称为描绘类、矢量类或面向对象的图形（图像）。前者是以点阵形式描述图形（图像）的，后者是以数学方法描述的一种由几何元素组成的图形（图像）。一般来说，后者对图像的表达细致、真实，缩放后图形（图像）的分辨率不变，在专业级的图形（图像）处理中运用较多。

1）BMP（Bit Map Picture）：PC 上最常用的位图格式，有压缩和不压缩两种形式。该格式在 Windows 环境下相当稳定，在文件大小没有限制的场合中运用极为广泛。

2）GIF（Graphics Interchange Format）：在各种平台的各种图形处理软件上均可处理的经过压缩的图形格式。其缺点是存储色彩最高只能达到 256 种。

3）JPG（Joint Photographics Expert Group）：可以大幅度地压缩图形文件的一种图形格式。

4）TIF（Tagged Image File Format）：文件体积庞大，存储信息量也巨大，细微层次的信息较多，有利于原稿阶调与色彩的复制。该格式有压缩和非压缩两种形式，最高支持的色彩数可达 16M。

5）PSD（Photoshop Standard）：Photoshop 中的标准文件格式。

任务三　电子相册生成

任务描述

准备好素材后，即可进行宠物狗相册最后一步的制作——相册生成。现在市场上能进行电子相册制作的软件很多，在本任务中将使用最常见、最普及的 Office 软件包中的 PowerPoint 软件完成电子相册的最终制作。

任务分析

本任务按照电子相册制作流程和常用的展示角度，将相册的制作过程分成了创建文件、创建相册、制作标题文字、设置相册背景、调整照片的大小和角度、设置动画效果、添加背景音乐、设置排练计时、保存相册等步骤，如图 1-75 所示。通过本任务的学习，熟悉使用 PowerPoint 软件制作电子相册的流程和环节，完成相册的制作。

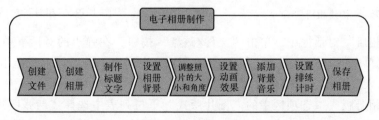

图 1-75　相册的制作过程

任务实施

步骤1：创建文件

单击"开始"→"所有程序"→"Microsoft Office"→"Microsoft Office PowerPoint 2003"，新建空白"演示文稿1"，如图1-76和图1-77所示。

图1-76　启动软件　　　　　　　　　　　图1-77　空白演示文稿

> **小提示**：在PowerPoint软件下，可以单击"文件"→"新建"命令，新建空白演示文稿。

步骤2：创建相册

1）单击"插入"→"图片"→"新建相册"命令（见图1-78），弹出"相册"对话框，如图1-79所示。

图1-78　"新建相册"命令　　　　　　　　图1-79　"相册"对话框

2）在"相册"对话框中，单击"文件/磁盘"按钮，在弹出的对话框中选择"电子照片"文件夹后单击"打开"按钮，如图1-80所示。在弹出的对话框中选择相册中要用的图片，单击"插入"按钮，完成效果如图1-81所示。

3）在"相册版式"选项区中的"图片版式"下拉列表中选择"两张图片"，确定每张幻灯片上插入照片的数量为"两张"；在"相框形状"下拉列表中选择"边缘凸凹形"，确定相框的样式；单击"创建"按钮，自动生成电子相册文件"演示文稿2"，如图1-82和图1-83所示。

图1-80　选择相册中的图片

图1-81　将图片插入相册中

图1-82　设置相册的图片版式和相框形状

图1-83　生成电子相册文件

步骤3：制作标题文字

1）删除标题页的默认标题"相册"，然后单击"插入"→"图片"→"艺术字"命令，在"艺术字库"对话框中选择一种艺术字样式。

2）在"编辑'艺术字'文字"对话框中输入标题文字，选择合适的字体、字号后，单击"确定"按钮，如图1-84所示。

3）拖曳艺术字的控制点，调整好艺术字的大小，效果如图1-85所示。

图1-84　设置艺术字的字体格式

图1-85　调整标题页上的艺术字大小

4）单击"艺术字"工具栏上的"艺术字形状"按钮，为标题艺术字选择"双波形1"形状，如图1-86所示。

5）用鼠标右键单击艺术字，在弹出的快捷菜单中单击"设置艺术字格式"命令，在"颜色和线条"选项卡中将线条颜色设置为"黄色"、粗细设置为"3磅"，效果如图1-87所示。

6）在创建者文本框中，将文字设置为"方正姚体"、32磅、右对齐、黑色，完成后的效果如图1-88所示。

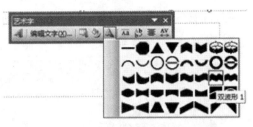

图1-86 设置"双波形1"艺术字形状

图1-87 设置艺术字形状

图1-88 设置好制作者的文字格式

步骤4：设置相册背景

1）选择标题页，单击"格式"→"背景"命令，在"背景"对话框中单击"背景填充"下的下拉按钮，选择"填充效果"选项，如图1-89所示。

> **小提示：**在选中的幻灯片上单击鼠标右键，在弹出的快捷菜单中也可以选择"背景"命令，打开"背景"对话框。

2）在弹出的"填充效果"对话框中选择"图片"选项卡，单击"选择图片"按钮，如图1-90所示。

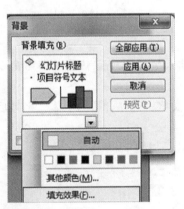

图1-89 "背景"对话框

图1-90 "填充效果"对话框

3）在弹出的"选择图片"对话框中单击"合成背景02"，单击"插入"按钮，如图1-91所示。关闭"选择图片"对话框，在"填充效果"对话框中单击"确定"按钮。

4）在"背景"对话框中单击"应用"按钮，完成标题页的背景设置，如图1-92所示。

> **小提示：**"背景"对话框中的"应用"按钮是对当前选中的幻灯片设置背景；"全部应用"是对所有的幻灯片设置背景。

5）选中相册中的其他所有幻灯片，使用"背景"命令，在填充效果里选择"图片"选项卡，将其他幻灯片的背景图片设置为"合成图片1"，完成效果如图1-93所示。

图1-91 "选择图片"对话框

图1-92 完成标题页背景设置

步骤5：调整照片的大小和角度

1）选择需要调整的幻灯片，拖曳图片，调整到相应的位置上，如图1-94所示。

2）调整图片的旋转控制柄，调整图片的角度，如图1-95所示。

图1-93 完成其他页背景设置

图1-94 调整图片的位置

图1-95 调整图片的角度

步骤6：设置动画效果

为了让相册播放起来更有吸引力，可以为幻灯片设置动画效果。

1）选择标题页幻灯片，单击"幻灯片放映"→"幻灯片切换"命令，在右侧的"幻灯片切换"任务窗格中，选择一种切换方式。

2）选择其他幻灯片，可以为它们设置相应的幻灯片切换方式，如图1-96所示。

> **小提示**："修改切换效果"选项区中的"速度"可以设置幻灯片切换时动作的快慢；"换片方式"除了可以用"鼠标单击时"换片外，还可以通过选中"每隔"后输入时间，设置一定的时间间隔后自动换片。

3）选中任一张幻灯片中的两张图片，单击"幻灯片放映"→"自定义动画"命令，会在窗口右侧弹出"自定义动画"任务对话框，如图1-97所示。

4）单击任务窗格中的"添加效果"→"进入"→"扇形展开"，将速度设置为"慢速"，两张图片的开始方式为"之前"，使得两张幻灯片在播放时同时动作，如图1-98所示。

5）为其他幻灯片上的图片设置需要的自定义动画效果。

步骤7：添加背景音乐

1）选择幻灯片的标题页，单击"插入"→"影片和声音"→"文件中的声音"命令，在"插入声音"对话框中选择"背景音乐"文件夹中的声音文件"Memory"，单击"确定"按钮，如图1-99所示。

图1-96 "幻灯片切换"任务窗格

图1-97 设置自定义动画

图1-98 为图片设置自定义动画

图1-99 选择声音文件

2）在弹出的"您希望在幻灯片放映时如何开始播放声音？"提示框中单击"自动"按钮，将声音的播放设置为"自动"播放，如图1-100所示。设置完成后在幻灯片中会出现一个小喇叭图标，拖曳鼠标放到合适的位置。

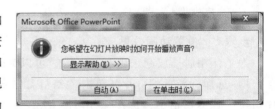

图1-100 声音播放提示对话框

3）选择小喇叭图标，在右侧的"自定义动画"任务窗格中用鼠标右键单击"Memory. mp3"，在弹出的快捷菜单中单击"效果选项"命令，如图1-101所示。

4）在"播放声音"对话框的"效果"选项卡中将"开始播放"位置设置为"从头开始"，将"停止播放"位置设置为"在16张幻灯片后"，单击"确定"按钮，完成声音设置，如图1-102所示。

> **小提示：** 设置"停止播放"的位置时，可以根据需要设置在某一张幻灯片处，如果要设置在最后，可以根据当前幻灯片的页数进行设定。

5）单击"声音设置"选项卡，在显示选项中选中"幻灯片放映时隐藏声音图标"复选框，如图1-103所示，这样小喇叭图标将会在幻灯片放映时被隐藏起来。

步骤8：设置排练计时

在PowerPoint软件中，提供了"排练计时"功能，即在正式放映之前对播放进行彩排，记录每一张幻灯片的放映时间和整个演示文稿的播放时间。

图 1-101　打开声音设置的命令

图 1-102　设置声音开始播放和停止播放的位置

1）单击"幻灯片放映"→"排练计时"命令，进入排练计时设置，如图 1-104 所示。

图 1-103　隐藏声音图标

图 1-104　进入"排练计时"

2）当前页播放一段时间需要切换到下一页时，单击鼠标，一直到最后一页播放完毕。在"预演"提示框中，可以看到当前页播放的时间和截止到当前页演示文稿播放的总时间，如图 1-105 所示。

3）最后一页播放完后，会弹出排练计时播放完毕对话框，单击"是"按钮，保存排练计时的设置，如图 1-106 和图 1-107 所示。

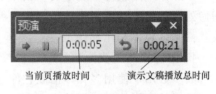

当前页播放时间　　演示文稿播放总时间

图 1-105　排练计时"预演"提示框

图 1-106　排练计时结束对话框

图 1-107　排练计时完成后自动回到
"幻灯片浏览视图"

> **小提示**：选择任何一张幻灯片，双击鼠标即可切换回"普通视图"模式。

步骤9：保存相册

1）单击"文件"→"保存"命令，将文件保存在"电子相册"文件夹，"文件名"为"电子相册"，"文件类型"为"演示文稿"，单击"保存"按钮，完成保存设置，如图1-108所示。

2）再次单击"文件"→"另存为"命令，将"保存类型"设置为"PowerPoint 放映"，单击"保存"按钮，将文件保存为 .pps 类型文件，如图1-109所示。

> **小提示**：.ppt 类型为文件的编辑状态文件，需要在 PowerPoint 软件中使用；.pps 类型是文件的播放状态，可以不在 PowerPoint 软件环境中就能直接播放。

图1-108　将文件保存为演示文稿类型

图1-109　将文件保存为放映类型

知识链接

一、多媒体应用软件

多媒体应用软件主要是一些创作工具或多媒体编辑工具，包括字处理软件、绘图软件、图像处理软件、动画制作软件、声音编辑软件以及视频软件。多媒体应用软件包括多媒体播放软件和多媒体制作软件。

1. 多媒体播放软件

大多数用户使用多媒体播放软件收听、收看多媒体节目。

常用的多媒体播放软件有 Windows XP 系统本身自带的 Windows Media Player、苹果公司的 QuickTime Player 等。此外，还有 RealPlayer、暴风影音、RealONE Player、豪杰超级解霸、金山影霸等。

2. 多媒体制作软件

多媒体制作软件包括文字编辑软件、图像处理软件、动画制作软件、音频处理软件、视频处理软件以及多媒体创作软件等。

1）文字编辑软件：如 Word 等。

2）图像处理软件：如处理位图图像的 Photoshop、处理矢量图形的 CorelDeaw 等。

3）动画制作软件：一类是绘制和编辑动画的软件，如 Animator Pro（平面动画制作软件）、3D Studio MAX（三维动画造型软件）、Cool 3D（三维文字动画制作软件）、Poser（人体三维动画制作软件）；另一类是动画处理软件，如 Animator Studio（动画处理加工软件）、Premiere（电影影像与动画处理软件）、GIF Construction Set（网页动画处理软件）、After

Effects（电影影像与动画后期合成软件）。

4）音频处理软件：通常分为三类。一是声音数字化转化软件，如 Easy CD-DA Extractor（把光盘音轨转换为 WAN 格式的数字化音频文件）、Real Jukebox（在互联网上录制、编辑播放数字音频信号）；二是声音编辑软件，如 Goldwave（数字录音、编辑、合成软件）、Cool Edit Pro（声音编辑处理软件）；三是声音压缩软件，如 L3Enc（把 WAN 格式的音频文件压缩为 MP3 格式的文件）、Windac 32（把光盘音轨转换并压缩成 MP3 格式的文件）。

5）视频处理软件：其作用是对摄像机、电影电视录像机等采集的影视资料进行整理，或者直接进行视频设计。例如，Windows XP 自带的 Movie Maker、Adobe 公司的 Premiere Pro、Ulead 公司的 VideoStudio、Pinnacle 公司的 Studio 等。

6）多媒体创作软件：其作用是完成多媒体素材的采集、编辑后，通过创作平台把多种素材集成在一起，如 PowerPoint（演示软件）、Authorware（创作软件）等。

二、快捷菜单操作方式和快捷键

在 PowerPoint 软件中，各操作命令都可以在相应的菜单中找到。除了菜单操作外，在选中对象后用鼠标右键单击，会弹出一个快捷菜单，可以根据需要选择相应的命令，实现快速操作。

另外，在软件操作中，还可以使用快捷键更快速地完成操作。快捷键又叫快速键或热键，指通过某些特定的按键或按键组合来完成一个操作，很多快捷键往往与 Ctrl 键、Shift 键、Alt 键等配合使用。利用快捷键可以代替鼠标做一些工作，可以利用键盘快捷键打开、关闭和导航"开始"菜单、桌面、菜单、对话框及网页。例如在 PowerPoint 软件中，〈Ctrl+S〉键是保存文件的快捷键。

项目评价

项目评价见表 1-1。

表 1-1　项目评价

评价要素	知识点（技能点）	评价标准
素材采集	相关概念	能了解多媒体的概念及相关知识
	常用设备	能认识常用的多媒体输入/输出设备
	准备工作	能正确创建素材文件夹，文件夹所在的路径正确，名称合理
	下载素材	能到相应的网站正确下载素材并保存到磁盘
	素材整理	能正确地将任务所需的所有素材整理归类、重命名
图片处理	文件基本处理	能正确打开 Photoshop 软件及进行简单的基本操作，能打开、新建及保存文件
	图片裁剪	认识裁剪工具，能正确使用该工具完成图片裁剪
	色彩调整	能正确打开调整面板，用"色相/饱和度"进行色彩调整
	逆光效果处理	能正确使用调整命令中的"阴影/高光"调整照片
	模糊效果处理	能使用"滤镜"中的"锐化"命令解决模糊问题
	图片修复	能正确使用"污点修复工具""修复画笔工具"和"修补工具"进行杂质、污点和多余景物处理
	红眼效果处理	能使用"红眼工具"处理照片中的红眼效果
	合成图片	能综合运用各种工具、编辑方法、图层操作实现图像合成
相册生成	新建文件	能正确打开软件并创建新文件
	创建电子相册	能正确使用"新建相册"命令，会选择需要的照片，并进行图片版式设置
	插入艺术字	能正确使用插入艺术字命令，止确设置艺术字格式

评价要素	知识点（技能点）	评价标准
相册生成	设置相册背景	正确使用设置背景命令，会为选定页或全部页设置背景
	调节图片	为图片设置正确的位置和角度
	动画效果	能正确设置相册的自定义动画和切换动画
	插入音乐	能正确使用插入声音命令，并设置声音播放
	排练计时	能正确使用排练计时命令，为相册设置自动播放方式
	保存相册	能正确将相册保存为可编辑文件和播放文件

拓展练习

请自拟主题，制作一个家庭电子相册，并尝试为每页的照片添加相应的文字说明。

单元小结

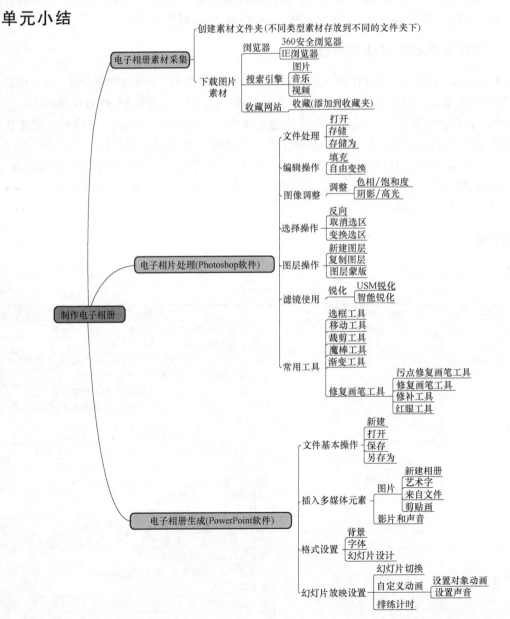

学习单元二
数字视频制作

　　随着数码设备的普及，记录精彩瞬间不再局限于照片，还有珍贵的视频镜头，因此制作视频短片也成了越来越流行的一种数码产品制作方式。无论是个人风采展示、企业宣传，还是其他相关方面，视频短片总可以发挥它独特的魅力，为人们带来视听享受。本单元主要学习制作数字视频短片。

项目 制作视频短片

※项目描述※

在本项目中，将制作完成"云南旅游风光"视频短片。首先进行图片（包含老照片的扫描及新照片的拍照）、视频、声音等素材的采集工作，学习扫描仪、数码照相机、数码摄像机和录音笔的使用；然后通过视频编辑软件制作视频短片，学习 Premiere 软件的基本操作和视频编辑方法，进行简单的视频编辑；最后对完成的视频短片进行计算机播放、刻盘、电视播放等输出操作。通过本项目的学习，学会一些常用的家用数码设备的使用，能制作简单的视频短片并进行播放和存储，把生活中的精彩片段永久地保存下来。

※项目分析※

本项目设置了以下三个任务：视频短片素材采集、视频短片编辑、视频短片输出，如图 2-1 所示。通过这三个任务的学习，熟悉视频短片制作的流程，以及软件、硬件的基本使用方法。

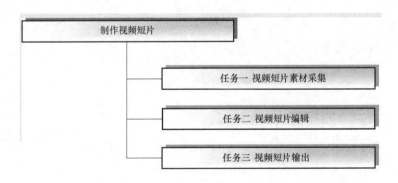

图 2-1　制作视频短片包括的三个任务

※项目准备※

硬件：扫描仪、数码照相机、数码摄像机、录音笔、多媒体计算机（含刻录光驱）、读卡器。

软件：Premiere、MediaPlayer、暴风影音、光盘刻录软件。

任务一　视频短片素材采集

任务描述

在制作视频短片的过程中，需要的素材形式是多样的，如将老照片转换成电子格式、拍摄电子照片和视频素材、视频中插播的旁白和背景音乐等声音素材，这些素材往往需要我们自己使用设备去采集。本任务将使用多媒体输入设备采集制作"云南旅游风光"视频短片所需要的各种素材。

任务分析

本任务分为以下几个步骤：采集老照片、采集电子照片、采集视频素材和采集声音素材，如图 2-2 所示。

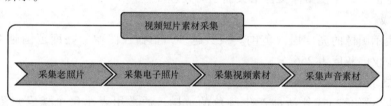

图 2-2　视频短片素材采集的步骤

子任务一　使用扫描仪采集老照片

知识储备

一、扫描仪的定义

扫描仪是利用光电技术和数字处理技术，以扫描方式将图形或图像信息转换为数字信号的装置，是计算机常用的图形图像输入设备。

二、认识扫描仪

扫描仪的品牌、种类繁多，图 2-3 和图 2-4 所示是一种比较简单的 HP 扫描仪。该扫描仪的外观、按钮名称及说明见表 2-1。

图 2-3　扫描仪全图

图 2-4　扫描仪前面板

表 2-1　扫描仪的外观、按钮名称及说明

扫描仪外观	按钮名称	说　　明
	扫描按钮	扫描图片或文档,以便预览或更改扫描得到的图像
	复印按钮	扫描项目并将其发送到默认打印机以进行打印(复印)
	HP Instant Share 按钮(仅限 HP Scanjet 3670、3690 和 3970 扫描仪)	扫描项目并使用户可以用电子邮件形式将其发送,可以在 HP 照片网站上创建一个相册或订购高品质的打印(并非在所有国家和地区都提供全部服务)

三、扫描仪的主要性能指标

1. 分辨率

分辨率是扫描仪最主要的技术指标,它决定了扫描仪所记录图像的细致度,单位为 PPI (Pixels Per Inch),表示每英寸长度上扫描图像所含有像素点的个数。大多数扫描的分辨率在 300~2400PPI。PPI 的数值越大,扫描的分辨率越高,扫描图像的品质越高,但当分辨率大于某一特定值时,会使图像文件增大而不易处理。

2. 灰度级

灰度级表示图像的亮度层次范围。级数越多,扫描仪图像的亮度范围越大、层次越丰富。多数扫描仪的灰度为 256 级。

3. 色彩数

色彩数表示彩色扫描仪所能产生颜色的范围,通常用表示每个像素点颜色的比特位 (bit)表示,用 0 或 1 表示比特位的值,越多的比特位数可以表现越复杂的图像信息。

4. 扫描速度

扫描速度是指用指定的分辨率和图像尺寸进行扫描所需的时间。

5. 扫描幅面

扫描幅面表示扫描图稿尺寸的大小。

任务实施

步骤 1：连接硬件

1)按照图 2-5 所示将扫描仪与数据线、电源线连接好。

2)分别将图 2-6 中的数据线的 USB 端口连接到计算机的 USB 口上,将电源线的一端接到电源插座上。

步骤 2：扫描照片

1)确保硬件连接成功及安装完驱动程序后,将老照片原件面朝下放到扫描仪的玻璃板上,然后合上盖板。

2)双击桌面上的"HP Photo&Imaging"图标,弹出"HP 照片及图像图库"窗口,如图 2-7 所示。

3)单击窗口中的"扫描"按钮,弹出"选择来源"对话框,选择正在使用的"hp scanjet 3600 series TWAIN 1.0",单击"选定"按钮,如图 2-8 所示。

4)在弹出的"hp 扫描"窗口中,会显示出扫描完成的图像,用鼠标框选出需要的图像部分,单击"接受"按钮,如图 2-9 所示。

图 2-5 安装扫描仪数据线和电源线

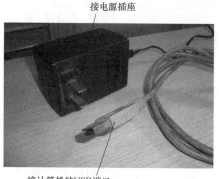

接电源插座

接计算机的USB端口

图 2-6 连接计算机和电源接口

图 2-7 "HP 照片及图像图库"窗口

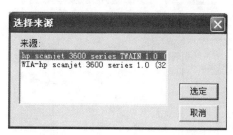

图 2-8 "选择来源"对话框

5）扫描仪自动执行扫描操作，如图 2-10 所示。

图 2-9 选取要扫描的图像

图 2-10 扫描过程

小提示：如果是通过按扫描仪前面板上的"扫描"按钮开始进行的扫描，会先弹出"hp 扫描"对话框，选中"玻璃板上的原件"单选按钮后，单击"扫描"按钮，如图 2-11 所示。完成一幅图的扫描后会弹出对话框询问"是否要扫描另一图片？"，则如果要继续扫描任务，则单击"扫描"按钮，否则单击"完成"按钮，如图 2-12 所示。

6）扫描完成后图像图标会显示在"HP 照片及图像图库"窗口右边的内容窗口中，如图 2-13 所示。

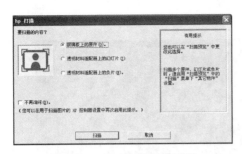

图 2-11　"hp 扫描"对话框

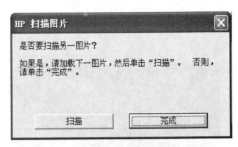

图 2-12　询问是否继续扫描

7）单击"HP 照片及图像库"窗口上的"图像编辑器"按钮，弹出"HP 图像编辑器"窗口，如图 2-14 所示。

图 2-13　扫描后的图片

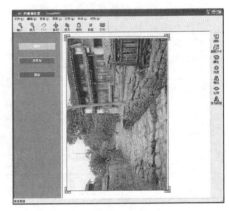

图 2-14　"HP 图像编辑器"窗口

8）单击窗口右侧的"调整尺寸"按钮，在"调整尺寸"面板中将单位、高、宽设置好后，单击"确定"按钮，回到"HP 图像编辑器"窗口。

9）若存在多余图像部分，可以在该窗口中选择需要的图像部分，单击上部的"裁剪"按钮，完成图片的裁剪，如图 2-15 所示。

图 2-15　图片裁剪前后

10）单击左侧的"另存为"按钮，将图片保存在"老照片"文件夹中，单击"保存"按钮，如图 2-16 所示，再关闭"HP 图像编辑器"窗口，完成照片扫描操作。

图 2-16 另存图片

图 2-17 图像编辑器中常用的命令按钮

> **小提示**：在"HP 照片及图像图库"窗口中还可以对扫描出的照片进行旋转、打印等操作。常用的命令按钮如图 2-17 所示。

子任务二 使用数码照相机采集电子照片

知识储备

一、数码照相机

数码照相机简称数码相机，又称为数字式相机，是利用电子传感器把光学影像转换成电子数据的照相机，是现在比较普及的图像采集输入设备。

二、认识数码照相机的组成

下面以 SONY DSC-W120 为例认识数码照相机，如图 2-18 所示。

Power按钮 拍照按钮

照相机镜头

设置面板

图 2-18 数码照相机的外观

三、数码照相机的主要性能指标

1. 感光元件大小（CCD）

感光元件的大小决定了照相机成像的质量，数值越大，成像越清晰。

2. 有效像素

有效像素是真正参与感光成像的像素值，现在家用照相机的像素一般为 500 万以上。

3. 光学变焦/数字变焦

光学变焦是通过镜片移动来放大与缩小需要拍摄的景物。数字变焦通过数码照相机内的处理器，把图片内的每个像素面积增大，从而达到放大的目的。一般变焦的倍数越大，照相机性能越好，价格也越高。

4. 液晶显示屏

显示屏的好坏决定了户外拍摄时的观看效果，有些显示器在强光下几乎不能使用，在选择时需要注意。

任务实施

步骤1：安装电池和存储卡

1）打开照相机电池和存储卡滑盖，将电池插入电池插槽中，如图2-19所示。

2）将存储卡插入存储卡插槽，然后合上插槽滑盖，如图2-20所示。

图2-19 插入电池

图2-20 插入存储卡

> **小提示：**插入电池和存储卡时，如果插入的方向不正确，则不能插入插槽内。

步骤2：拍摄照片

1）按照相机顶部的 Power 按钮开启照相机，在背部的设置面板处将工作模式调整到"拍摄"模式，如图2-21所示。

2）通过上部的焦距调整按钮（W-T）调整被拍摄对象的远近效果，取景后按照相机顶部的拍照按钮，完成拍摄。

步骤3：导出照片

1）将数据存储卡从照相机中取出，插入读卡器中，如图2-22所示。

2）将读卡器的 USB 端连接到计算机的 USB 端口，计算机会自动读取存储卡。

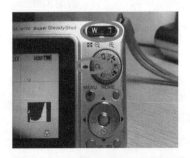
图2-21 拍摄模式及调节焦距按钮

图2-22 使用读卡器读卡

3）打开存储卡的 DCIM 中的 "101MSDCF" 文件夹，在窗口右侧的内容窗格中可以看到拍摄的照片，如图 2-23 所示。

图 2-23　拍摄的照片

4）选择需要的照片，可以使用 "复制→粘贴" 或者 "剪切→粘贴" 命令将照片存放到指定的文件夹进行保存。

子任务三　使用数码摄像机采集视频素材

知识储备

一、数码摄像机

数码摄像机也称为 DV，是一种通过感光元件将光信号转变成数字信号，生成视频动画的设备，是常用的视频采集输入设备。

二、认识数码摄像机

下面以 SONY 硬盘式摄像机为例简单介绍摄像机的组成，各部分名称如图 2-24 所示。

图 2-24　数码摄像机

三、数码摄像机的性能指标

1. CCD 像素

CCD 像素是 CCD 的主要性能指标，它决定了显示图像的清晰程度，分辨率越高，图像细节的表现越好。

2. 清晰度

清晰度是指在水平宽度为图像屏幕高度的范围内，可以分辨的垂直黑白线条的数目，数目越大，清晰度越高。

3. 液晶取景器

液晶取景器主要看亮度、像素及面积，一般来说，亮度越大、像素值越高、面积越大的取景器越好。

任务实施

步骤 1：安装电池

把 POWER 开关转至 OFF，按照箭头方向将电池装入电池槽并安装到位，如图 2-25 所示。

步骤 2：使用数码摄像机摄像

1）按住摄像机的 POWER 开关上的绿色小按钮（见图 2-26），将开关旋转到"ON"模式，开启摄像机，如图 2-27 所示。

图 2-25　安装电池

图 2-26　POWER 开关的绿色按钮

2）打开取景器左侧的液晶显示屏，如图 2-28 所示。

图 2-27　设置为 ON 模式

图 2-28　打开液晶显示屏图

3）按下 START/STOP 按钮开始摄像，如图 2-29 所示。

4）通过移动变焦杆"W丨T"调整摄录主体的远近效果，如图 2-30 所示。

图 2-29　按下 START/STOP 按钮

图 2-30　变焦杆

5）摄像结束时，再次按 START/STOP 按钮，并把 POWER 开关转至 OFF，关闭液晶显示屏。

步骤 3：导出视频文件

1）打开摄像机的插孔盖，将 USB 数据线的两端分别插入摄像机和计算机的 USB 插孔，如图 2-31 所示。

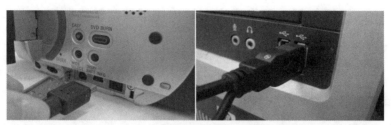

图 2-31 用 USB 数据线连接摄像机和计算机

2）将 POWER 开关调到 ON，打开液晶显示屏，触摸液晶显示屏上的"HDD"选项（见图 2-32），液晶显示屏上显示"连接中……"，如图 2-33 所示。

图 2-32 HDD 选项　　　　　　　　　　图 2-33 摄像机与计算机连接

3）在"我的电脑"中，打开新添加的盘符，进入摄像机的硬盘中，双击打开"MP_ROOT"文件夹及"100PNV01"子文件夹，可以看到录制的视频文件，如图 2-34 和图 2-35 所示。

 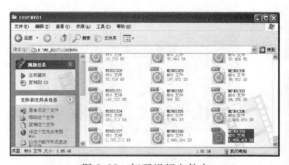

图 2-34 打开摄像机硬盘　　　　　　　　图 2-35 打开视频文件夹

4）选择需要的视频文件，复制到视频文件保存的文件夹中，并单击鼠标右键，在弹出的快捷菜单中单击"重命名"命令，将文件名改为"云南风光 01"，如图 2-36 所示。

图 2-36　保存及重命名视频文件

子任务四　采集声音素材（使用录音笔录制旁白）

知识储备

一、录音笔

录音笔也称为数码录音棒（或数码录音机），是数字录音器的一种，是常用的音频采集输入设备，如图 2-37 所示。

图 2-37　录音笔及数据线

二、认识录音笔

录音笔的品牌、种类很多，选购录音笔往往参照录音效果、播放音质和录音距离等条件。录音笔除了能录音外，还同时拥有多种功能，如 MP3 播放、FM 调频等。录音笔的按键和端口说明如图 2-38～图 2-41 所示。

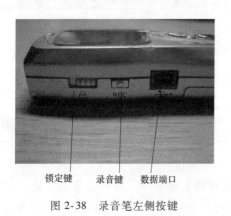

锁定键　　录音键　　数据端口

图 2-38　录音笔左侧按键

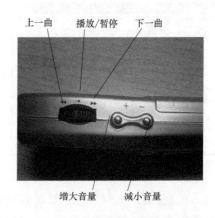

上一曲　　播放/暂停　　下一曲

增大音量　　减小音量

图 2-39　录音笔右侧按键

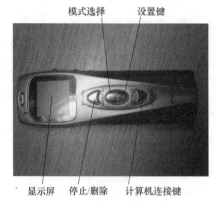

模式选择　设置键

显示屏　停止/删除　计算机连接键

图 2-40　录音笔正面按键

麦克风插口　耳机插口

图 2-41　录音笔的顶部端口

三、录音笔的性能指标

1. 录音时长

录音时长是录音笔的最基本参数。在同音质条件下，录音时长越长，性能越高。

2. 录音效果

音质的好坏直接决定录音效果。

3. 存储方式

一般的录音笔使用闪存来存储录音信息，容量越大，性能越高。

4. 录音功能

录音功能的实用程度决定着录音质量的好坏和使用者的感受，很多的录音笔会增加 FM 调频、电话录音、闹钟等功能。

任务实施

步骤 1：安装电池

1）打开录音笔背面电池槽的滑盖，如图 2-42 所示。

2）将电池按照正确方向安装到电池槽中，然后把滑盖装好，如图 2-43 所示。

图 2-42　打开电池槽滑盖

图 2-43　装入电池

步骤 2：使用录音笔录音

1）调整好录音笔与录音源的位置后，按"REC"录音键开始录音。

2）当需要暂停录音时，再次按"REC"录音键，此时显示屏上会显示"PAUSE"

字样。

3）需要继续录音时，按"REC"录音键即可延续之前的录音操作。

4）录音结束时，按"停止"键，显示屏上会显示"STOP"字样及当前的文件编号。

> 小提示：为了提高录音质量，可以在录音时插上麦克风。

步骤3：播放录音

1）按录音笔上的"播放"按钮，会播放当前音频文件，通过调整声音按钮调整音量，检验录音质量。

2）若有多个文件，使用"上一曲"和"下一曲"按钮可以更换播放的文件。

步骤4：导出音频文件

1）用数据线分别连接好录音笔和计算机。

2）按录音笔上的"PCLINK"按钮，将录音笔和计算机连通。

3）打开录音笔上的存储器，将录音文件选出来，剪切到相应文件夹，并改名为"云南旅游风光旁白"。

知识链接

一、OCR技术

扫描仪除了能进行图片扫描外，还可以配合光学字符识别软件（OCR）将扫描的文稿转换成计算机的文本形式。

OCR技术是在扫描技术的基础上实现字符的自动识别，在获得纸面上反射光信号后，由OCR内部电路识别出字符，并将字符代码输入到计算机中。该技术在识别数字、英文字符及印刷体汉字方面已经取得了成功。

二、磁带式摄像机的优缺点

磁带式摄像机是数码摄像机家族比较早的产品。近几年，出现了可以替代磁带的光盘、硬盘和闪存卡。磁带虽然现在看是"老"点了，但它还是很可靠的记录载体，现在还有很多专业和家用摄像机在使用磁带，电视台使用的设备通常都是专业的磁带式摄像机。

磁带的最大优点和缺点都体现在它的"线性"记录和重放特性上。

优点：

1）如果某段磁带出了问题，损坏的信号只是出问题的那一段磁带，不会影响全部。

2）磁带的安全性高，不会像光盘、硬盘或闪存那样，一旦误删除或是硬件出问题可能损失全部信息。

缺点：

1）重放时只能是线性的，不像光盘或是硬盘非线性记录那样能迅速找到指定的播放点，而是要"快进"或"倒带"，不方便。

2）磁带对温度、湿度、磁场、灰尘等比较敏感。对于摄像机来说，磁带在记录和重放时都要借助比较复杂的机械系统以及旋转磁鼓组件等，所以容易产生问题的环节相对多一些，使得磁带在使用和保存在过程中比较"娇贵"。

任务二 视频短片编辑

任务描述

在本任务中，将根据前期拍摄和搜集的素材，利用非线性编辑软件 Premiere Pro CS4 制作一个以"云南旅游风光"为主题的视频短片。

任务分析

完成任务不仅要对照片、视频素材进行简单编辑操作，还要为影片添加效果、转场、字幕及背景音乐，最终导出可以在视频播放器中播放的视频短片。

本任务制作的影片主要呈现西双版纳、香格里拉、丽江三个地域的风光。每个地域的风光用一个序列实现，每个序列的完成包括导入素材、编辑影片、添加效果、添加转场、添加字幕五个步骤，整个影片包含"01 西双版纳""02 香格里拉"和"03 丽江"三个序列，"合成"序列包括插入序列、添加转场、添加字幕、添加音乐、导出影片五个步骤，如图2-44所示。

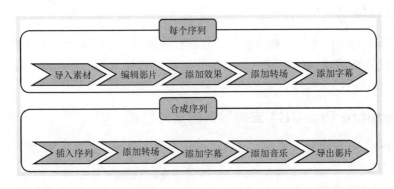

图 2-44 视频短片编辑的步骤

知识储备

在完成任务前，不仅要了解完成任务的基本步骤和操作技能，还需要了解一些制作视频短片必备的基本知识。

一、视频基本概念

帧：视频是由一幅幅静态画面所组成的图像序列，每一幅静态图像被称为"帧"。

分辨率：指屏幕上像素的数量，通常用"水平方向像素数量×垂直方向像素数量"的方式来表示，例如 720×480、720×576 等。

像素宽高比：指视频画面内每个像素的长宽比，具体比例由采用的视频标准所决定，见表2-2。

表 2-2　像素宽高比

视频标准	像素宽高比	视频标准	像素宽高比
正方形像素	1.0	D1/DV PAL	1.07
D1/DV NTSC	0.9	D1/DV PAL　宽屏	1.42
D1/DV NTSC　宽屏	1.2		

二、电视制式

电视制式的出现，保证了电视机、视频及视频播放设备之间所用标准的统一或兼容。目前，世界上的电视制式分为 NTSC 制式、PAL 制式和 SECAM 制式三种。电视制式的特点见表 2-3。

表 2-3　电视制式的特点

特点	NTSC 制式	PAL 制式	SECAM 制式
扫描线/行	525	625	625
分辨率/像素	720×480	720×576	720×576
帧速率/fps	29.97	25	25

三、非线性编辑

非线性编辑是指在计算机中利用数字信息进行的视频、音频编辑，不受素材存放时间的限制，在借助计算机编辑视频的同时，还能实现添加视觉效果。Premiere 属于非线性编辑软件。

四、Premiere Pro CS4 支持导入的文件格式

Premiere Pro CS4 可以导入视频、音频、图片等类型文件，见表 2-4。

表 2-4　Premiere Pro CS4 支持导入的文件格式

多媒体类型	文件格式	多媒体类型	文件格式
视频格式	MPEG、AVI、MOV、WMV、DV 等	图片格式	JPEG、BMP、PNG、GIF、AI、PSD、TIFF 等
音频格式	MP3、WMA、WAV 等		

五、视频制作流程

视频制作流程如下：

新建并设置项目→采集并导入素材→整合并编辑素材→添加并设置视频效果→添加并设置转场效果→添加并设置字幕→添加并编辑音频 → 导出视频。

任务实施

步骤 1：新建并设置项目

1）双击 "Adobe Premiere Pro CS4" 图标启动软件，在弹出的 "欢迎界面" 中单击 "新

建项目"按钮，在弹出的"新建项目"对话框中选择项目要存储的"位置"，在"名称"文本框中输入要保存的名字，然后单击"确定"按钮，完成新建项目的操作，如图 2-45 所示。

图 2-45　新建并设置项目

小提示： 若某项目正在编辑时，单击"文件"→"新建"→"项目"命令，在确认是否保存当前项目后，则完成"新建项目"的操作。

2）在打开的"新建序列"对话框中，在"序列预置"选项卡中选择"DV-PAL"中的标准 48kHz"选项，在"序列名称"文本框中输入"01 西双版纳"，单击"确定"按钮，进入软件工作界面后，在"项目窗口"将显示该序列的参数信息和名称，如图 2-46 所示。

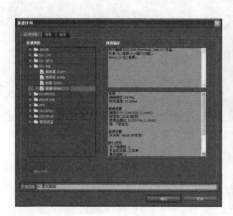

图 2-46　新建并设置序列

小提示： 用户可以在"序列预置"选项卡中选择已设置好的序列，在"常规"选项卡中为序列设置编辑模式、时间基准、画面大小、像素纵横比等参数，在"轨道"选项卡中设置视频、音频轨道的数目。

3）选择"01 西双版纳"序列，依次按下<Ctrl+C>、<Ctrl+V>组合键，复制出一个新的序列，接着单击该序列，将其重命名为"02 香格里拉"，如图 2-47 所示。

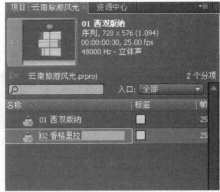

图 2-47 复制及重命名序列

> 小提示："复制序列"的操作方法如下：①单击"编辑"菜单下的"复制"→"粘贴"命令；②在序列上单击鼠标右键，在弹出的快捷菜单上选择"复制"→"粘贴"命令。"重命名序列"的操作方法如下：①单击"素材"菜单下的"重命名"命令；②在序列上单击鼠标右键，在弹出的快捷菜单上单击"重命名"命令。

4）按照步骤3）的方法复制两个序列，分别重命名为"03丽江""合成"，如图 2-48 所示。

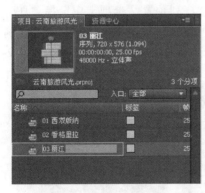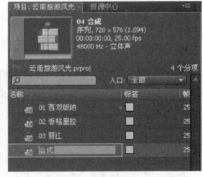

图 2-48 复制及重命名两个序列

步骤 2：导入并管理素材

1）双击项目窗口的空白位置，在打开的"导入"对话框中选择文件夹"01 西双版纳"，然后单击"导入文件夹"按钮，将该文件夹导入到项目窗口，如图 2-49 所示。

2）按照步骤1）的方法，导入素材文件夹"02 香格里拉"与"03 丽江"。

3）双击项目窗口的空白位置，在"导入"对话框中选择需要导入的素材"music. mp3"，然后单击"打开"按钮，将该素材导入到项目窗口，如图 2-50 所示。

步骤 3：为序列"01 西双版纳"编辑素材

1）在项目窗口中，展开"01 西双版纳"文件夹，显示出该文件夹中的素材，如图2-51 所示。双击"01 西双版纳"序列，在时间线面板打开该序列，如图 2-52 所示。

2）选择素材"基诺山寨 01. JPG"，按住 <Shift> 键后选择素材"基诺山寨 05. JPG"即

图 2-49　导入素材文件夹

图 2-50　导入素材文件

图 2-51　显示素材　　　　　　　　　　图 2-52　打开序列

可连续选择 5 个素材文件"基诺山寨 01~05. JPG",如图 2-53 所示。按住鼠标左键,将其拖到时间线面板的"视频 1"轨道上,如图 2-54 所示。

小提示:若选择不连续的素材,则需要在选择素材的同时按住<Ctrl>键。

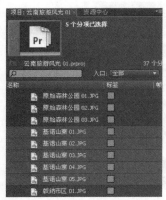

图 2-53　选择素材

图 2-54　插入素材

3）选择所有素材后单击鼠标右键，在弹出的快捷菜单中单击"速度/持续时间"命令，打开"素材速度/持续时间"对话框，将持续时间调整为"00：00：01：20"，选中"波纹编辑，移动后面的素材"复选框，单击"确定"按钮，如图 2-55 所示。

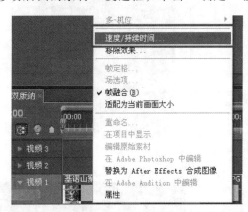

图 2-55　修改素材持续时间

> **小提示：**当素材持续时间缩短后，素材间会留有时间间隔，为了让素材无间隙排列，可以使用"波纹编辑"操作自动删除时间间隔，也可以手动移动素材。在"素材速度/持续时间"对话框中还可以通过设置"速度"的参数值来改变音、视频素材的播放速度，选中"倒放速度"复选框可以将音、视频素材倒序播放。

4）单击下方的"放大视图"按钮，可以将视图放大显示，如图 2-56 所示。

5）选择所有素材，单击鼠标右键，在弹出的快捷菜单中单击"适配为当前画面大小"命令（见图 2-57），可以将素材一次性显示为当前画面大小，以素材"基诺山寨 01.JPG"为例，执行命令前后的对比效果如图 2-58 所示。

6）分别选择横版素材，打开"特效控制台"面板，展开"运动"选项，调大"缩放比例"值，使素材两侧的黑边去掉。以素材"基诺山寨 02.JPG"为例，设置"缩放比例"值为 103，如图 2-59 所示。调整"缩放比例"前后的对比效果如图 2-60 所示。

图 2-56 放大显示视图

图 2-57 适配为当前画面大小

图 2-58 调整显示比例前后对比效果

图 2-59 调整缩放比例

— 51 —

图 2-60　调整缩放比例前后对比效果

小提示： 在默认情况下，缩放为"等比缩放"（选中）。若不等比缩放，则取消选中"等比缩放"复选框，原来的"缩放比例"选项将变为两个选项，即"缩放高度"和"缩放宽度"，可以分别在高度和宽度方向上调整缩放比例。

7）重复步骤2）~6），插入并编辑素材"野象谷01.JPG"~"野象谷05.JPG""花卉园.JPG""版纳市区01.JPG"和"版纳市区02.JPG"和"原始森林01.JPG"~"原始森林03.JPG"，如图2-61所示。

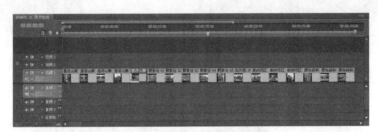

图 2-61　插入并编辑素材

8）在时间线面板左侧的空白位置上单击鼠标右键，在弹出的快捷菜单上单击"添加轨道"命令，在弹出的"添加视音轨"对话框中设置需添加的视、音轨道数，添加3条视频轨、0条音频轨，单击"确定"按钮，如图2-62所示。添加视频轨道前后对比的效果如图2-63所示。

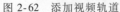

图 2-62　添加视频轨道　　　　　　　图 2-63　添加视频轨道前后对比效果

9）在"视频1"轨道的结尾处插入素材"野象谷01.mpg"，由于视频伴有声音，因此插入的素材在视频1、音频1轨道上都有素材，并伴有"［视］""［音］"字样，一次选中视、音频部分，如图2-64所示。

图2-64　插入视频素材

10）根据需求仅保留视频部分，选择视频后单击鼠标右键，在弹出的快捷菜单中单击"解除视音频链接"命令，链接关系解除后，"［视］""［音］"字样消失，并且可以分别选择素材的视、音频部分，这时再删除素材的音频部分，如图2-65所示。

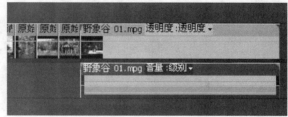

图2-65　解除素材视音频链接关系

11）在"特效控制台"面板中，设置"野象谷01.mpg"的参数值，将其"位置"设置为（234，166）、"缩放比例"设置为35，设置参数及效果如图2-66所示。

图2-66　设置素材的参数及效果

12）分别在"视频2~4"轨道上插入视频素材"野象谷02.mpg"~"野象谷04.mpg"，并且保持这三个素材与"野象谷01.mpg"的开始处对齐，分别拖动另外三个素材的右边界，使其与"野象谷03.mpg"的结尾处对齐，实现了视频剪辑的操作，如图2-67所示。

13）重复步骤10）~11），设置"野象谷02.mpg"~"野象谷04.mpg"的"位置"分别为（512，166）、（234，398）、（512，398），"缩放比例"均为35，设置后的效果如图2-68所示。

图 2-67 插入并剪辑视频素材

步骤 4：为序列"01 西双版纳"添加并设置视频效果

1）在效果面板的搜索栏中输入"边缘粗糙"，将"视频特效"文件夹下的该效果拖到视频素材"野象谷 01.mpg"上，如图 2-69 所示。

图 2-68 修改素材效果　　　　　　　　　图 2-69 添加效果

2）在"特效控制台"面板中，展开"边缘粗糙"效果，设置"边缘类型"为"颜色粗糙化"，单击"边缘颜色"旁边的颜色块，设置颜色为 RGB（13，173，240），单击"确定"按钮关闭该对话框，设置"边框"的粗细值为 70，如图 2-70 所示。

图 2-70 设置"边缘粗糙"效果参数

3）将"边缘粗糙"效果分别复制到"野象谷 02.mpg"~"野象谷 04.mpg"中，并分别修改"边缘颜色"为 RGB（45，240，13）、RGB（240，29，13）、RGB（232，240，13），设置后的效果如图 2-71 所示。

步骤 5：为序列"01 西双版纳"添加并设置转场效果

1）在效果面板的搜索栏中输入"交叉叠化"，系统会自动在"视频切换"文件夹下找出该转场效果，将该效果拖到图片素材"基诺山寨 01.JPG"和"基诺山寨 02.JPG"之间，如图 2-72 所示。

2）重复步骤 1），在所有图片素材之间添加"交叉叠化"转场效果，添加后的效果如图 2-73 所示。

3）将转场效果"点划像"分别拖到视频素材"野象谷 01.mpg"~"野象谷 04.mpg"的头部，如图 2-74 所示。

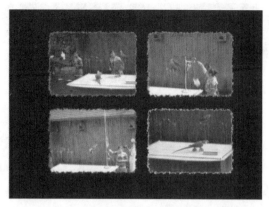

图 2-71　添加并设置"边缘粗糙"效果

图 2-72　寻找并添加转场效果

图 2-73　素材间添加转场效果

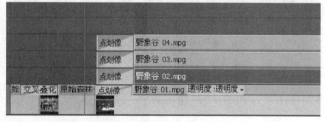

图 2-74　素材头部添加转场效果

步骤 6：为序列"01 西双版纳"添加并设置字幕

1）单击"字幕"→"新建字幕"→"基于模板"命令，在弹出的"新建字幕"对话框中，选择"字幕设计预置"→"D 常规"→"时尚回归"→"时尚回归_HD_屏下三分之一"选项，在"名称"文本框中输入"字幕模板"，单击"确定"按钮，将会创建一个基于模板的字幕，如图 2-75 所示。

2）在打开的"字幕"窗口，删除两个带文字的文本框，并通过往下移动上边框以修改图形大小，如图 2-76 所示。

3）将新创建的字幕"字幕模板"从项目窗口拖到"视频 5"轨道上，字幕长度与"视频 1"轨道对齐，添加字幕后的效果如图 2-77 所示。

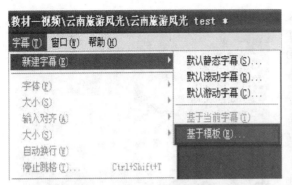

图 2-75　新建基于模板字幕

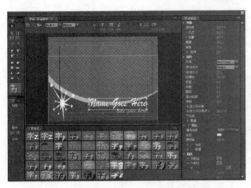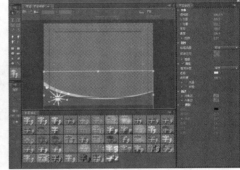

图 2-76　修改基于模板的字幕

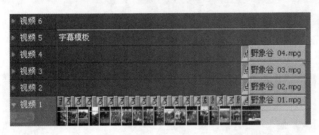

图 2-77　添加字幕后效果

4）单击"字幕"→"新建字幕"→"默认静态字幕"命令，在弹出的"新建字幕"对话框中的"名称"文本框中输入"基诺山寨"，单击"确定"按钮，将会创建一个静态字幕，如图 2-78 所示。

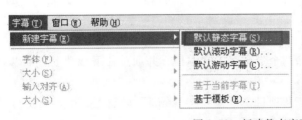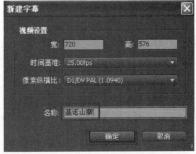

图 2-78　新建静态字幕

> **小提示**：在项目窗口的空白位置，单击鼠标右键，在弹出的快捷菜单中单击"新建分项"→"字幕"命令，也可以创建静态字幕。

5）在打开的"字幕"窗口中，单击上方的"显示背景视频"按钮，使字幕可以参照背景视频，单击左侧的"文字（T）"工具，在屏幕右下方拖出文本框并输入"基诺山寨"，设置"字体"为 SimHei（黑体）、"字号"为 30，如图 2-79 所示。

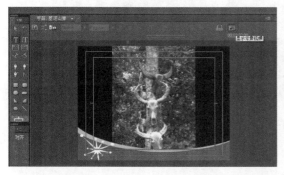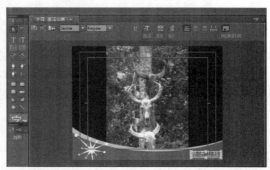

图 2-79　设置静态字幕属性

6）将新创建的字幕"基诺山寨"从项目窗口拖到"视频 6"轨道上，字幕长度与"视频 1"轨道上的五张"基诺山寨"图片的总长度相同，添加字幕后的效果如图 2-80 所示。

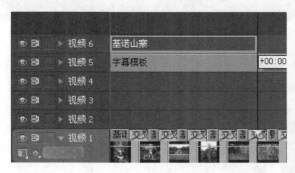

图 2-80　添加字幕后的效果

7）重复步骤 4）~6），添加并设置字幕"野象谷""花卉园""版纳市区""原始森林公园"和"鹦鹉表演"，将设置好的字幕拖到"视频 6"轨道，字幕长度与"视频 1"轨道上的相应图片总长度相同，如图 2-81 所示。

图 2-81　添加并设置字幕

步骤 7：为序列"02 香格里拉"编辑素材

1）在项目窗口中，展开"02 香格里拉"文件夹，显示出该文件夹中的素材，双击"02 香格里拉"序列，在时间线面板打开该序列。

2）在"视频 2"轨道上插入视频素材"虎跳峡.mpg"，解除视音频的链接关系，删除素材的音频部分，如图 2-82 所示。

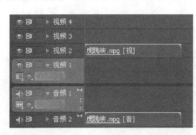

图 2-82　插入视频并删除音频部分

3）连续选择素材"普达措公园 01.JPG"~"普达措公园 14.JPG""独克宗古城 01.JPG"和"独克宗古城 02.JPG"，将其拖到时间线面板中的"视频 2"轨道上，连接在"虎跳峡.mpg"后面，如图 2-83 所示。

图 2-83　插入图片素材

4）将所有图片素材的持续时间调整为"00：00：01：20"，选中"波纹编辑，移动后面的素材"复选框，单击"确定"按钮，并将素材"适配为当前画面大小"，如图 2-84 所示。

图 2-84　编辑图片素材

5）在"视频 1"轨道上插入视频素材"动态背景 01.mov"，单击工具面板上的"速率伸缩工具"，将"动态背景 01.mov"的右侧拖到与"视频 2"轨道右侧对齐，该视频素材持续时间变长，播放速度变慢，如图 2-85 所示。

步骤 8：为序列"02 香格里拉"添加并设置视频效果

1）为素材"虎跳峡.mpg"添加效果"羽化边缘"，并将效果参数"数量"设置为 30，如图 2-86 所示。

2）将设置好的效果分别复制到"普达措公园 01.JPG"~"普达措公园 14.JPG""独克宗

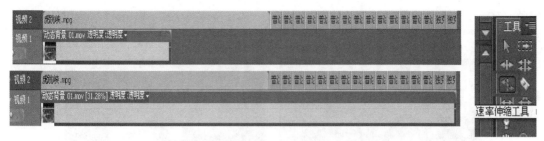

图 2-85　编辑视频素材

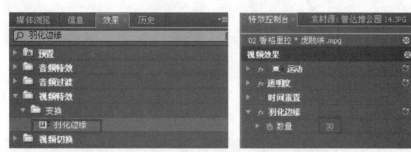

图 2-86　添加效果并设置效果参数

古城 01. JPG"和"独克宗古城 02. JPG"中，效果如图
2-87 所示。

**步骤 9：为序列"02 香格里拉"添加并设置
字幕**

1）新建字幕"虎跳峡"，内容为"虎跳峡"，
"字幕样式"为第二排第 7 个，修改"字体"为
FZJianZhi-M23S、"大小"为 45、"色彩"为 RGB
（6，113，69），如图 2-88 所示。

2）在项目窗口中复制字幕"虎跳峡"两次，并
重命名为"普达措公园""独克宗古城"，双击新复

图 2-87　添加"羽化边缘"后的效果

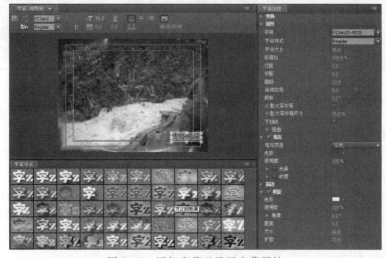

图 2-88　添加字幕并设置字幕属性

制的字幕，分别修改字幕内容为"普达措公园""独克宗古城"，"色彩"为 RGB（181，31，4）、RGB（36，80，178），修改后的字幕如图 2-89 所示。

图 2-89　设置字幕后的效果

3）将创建的字幕按序拖到"视频 3"轨道上，字幕长度与"视频 1"轨道上的相应素材的总长度相同，添加字幕后的效果如图 2-90 所示。

图 2-90　添加字幕后的效果

步骤 10：为序列"03 丽江"编辑素材

1）双击"03 丽江"序列，在"视频 1"轨道上插入视频素材"动态背景 02.mov"，单击工具面板上的"剃刀工具"，分别在时间点"00：00：01：00""00：00：29：00"处单击素材，该操作将该素材分割成三段，如图 2-91 所示。切换到工具面板上的"选择工具"，选择第一、三段视频，按<Delete>键将其删除。

图 2-91　视频素材剪辑

2）单击"视频 1"轨道前面的空白位置，单击鼠标右键，在弹出的快捷菜单中单击"波纹删除"命令，则素材前面的空白位置将会自动删除，如图 2-92 所示。

3）将背景素材"适配为当前画面大小"，调整后的效果如图 2-93 所示。

4）在"视频 2"轨道插入视频素材"蓝月谷.mpg"，删除视频素材的音频部分，将该素材"适配为当前画面大小"，并调整"缩放比例"为 77，调整后的效果如图 2-94 所示。在"蓝月谷.mpg"后按序插入素材"蓝月谷 01.JPG"~"蓝月谷 05.JPG"，将这五个图片素材的持续时间均调整为"00：00：01：20"，画面均调整为"适配为当前画面大小"，"缩放比例"均调整为 77。

图 2-92 波纹删除

图 2-93 调整背景素材画面大小

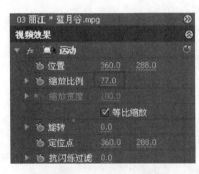

图 2-94 调整素材画面大小

5）在"蓝月谷 05. JPG"后按序插入素材"玉水寨 01. mpg"和"玉水寨 02. mpg""玉水寨 01. JPG"和"玉水寨 04. JPG"，按照步骤 4）编辑素材并调整参数。由于同一时刻显示"玉水寨 02. JPG"和"玉水寨 03. JPG"两张图片，因此需要将这两个素材并列显示，分别放在"视频 2"和"视频 3"轨道上，并且长度对齐，插入素材后的效果如图 2-95 所示。

图 2-95 插入素材后的效果

6）将"玉水寨 02. JPG"的"位置"修改为（190，288），"玉水寨 03. JPG"的"位置"修改为（530，288），如图 2-96 所示。修改后的显示效果如图 2-97 所示。

— 61 —

图 2-96　修改素材的位置　　　　　图 2-97　修改素材后的效果

7）在"玉水寨 04.JPG"后按序插入素材"牦牛坪 01.JPG"和"牦牛坪 02.JPG"，按照步骤 4）编辑素材并调整参数，用"速率伸缩工具"使"动态背景 02.mov"的右侧与"视频 2"轨道的右侧对齐，如图 2-98 所示。

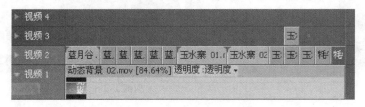

图 2-98　插入素材并修改背景素材长度

步骤 11：为序列"03 丽江"添加并设置转场效果

1）欲将"交叉叠化"转场效果拖到"蓝月谷.mpg"和"蓝月谷 01.JPG"素材中间，但转场效果会自动加在"蓝月谷.mpg"结束位置，单击该转场效果，在"特效控制台"中进行修改，将其"对齐"设置为"居中于切点"，便可以将转场放在两素材中间，如图 2-99所示。根据上述方法，在"蓝月谷 01.JPG"~"蓝月谷 05.JPG""玉水寨 01.mpg"和"玉水寨 02.mpg""玉水寨 01.JPG"相邻素材间分别添加"交叉叠化"转场效果。

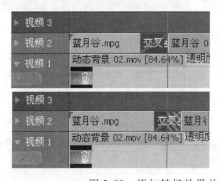 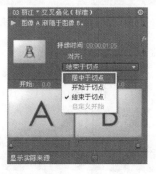

图 2-99　添加转场效果并修改对齐形式

2）将"交叉叠化"转场效果拖到"玉水寨 02.JPG"开始处，在"特效控制台"中修改该转场的"持续时间"为 00：00：00：15，则该转场显示时间缩短，如图 2-100 所示。根据上述方法，在"玉水寨 03.JPG"的开始处、"玉水寨 02.JPG"和"玉水寨 03.JPG"的结尾处分别添加时间为 15 帧的"交叉叠化"转场效果，添加后的效果如图 2-101 所示。

步骤 12：为序列"03 丽江"添加并设置字幕

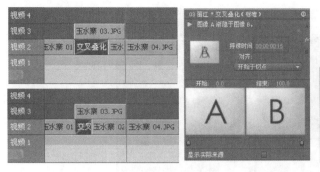

图 2-100　添加转场效果并设置转场持续时间　　　　图 2-101　添加并设置转场后的效果

1）新建字幕"蓝月谷"，设置字幕的"字体"为 LiSu（隶书）、"字号"为 40，输入内容为"蓝月谷"，如图 2-102 所示。复制该字幕两次，重命名为"玉水寨""牦牛坪"，分别修改字幕的输入内容，修改后的字幕效果如图 2-103 所示。

图 2-102　新建并设置字幕　　　　图 2-103　复制字幕并修改字幕内容后的效果

2）将三个字幕按序拖到"视频 4"轨道上，字幕长度与视频 2 轨道上的相应素材的总长度相同，在相邻字幕中间添加"交叉叠化"转场效果，插入字幕和转场效果后的效果如图 2-104 所示。

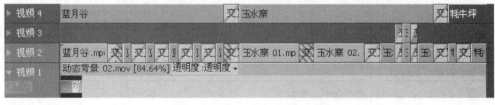

图 2-104　插入字幕和转场效果后的效果

步骤 13：为序列"合成"添加并设置字幕

1）新建静态字幕"题目"，输入内容为"云南旅游风光"，设置"字幕样式"为第三排第 2 个、"字体"为 STXingkai（华文行楷）、"字体大小"为 80，单击"水平居中"和"垂直居中"按钮，在字幕属性面板修改"外侧边"的"大小"为 13，设置"填充类型"为实色、"色彩"为白色、"阴影"的"色彩"为 RGB（161，158，158）、"透明度"为 60%、"角度"为 -200、"距离"为 10、"大小"为 40、"扩散"为 60，如图 2-105 所示。

2）新建静态字幕"01 西双版纳"，输入内容为"西双版纳"，设置"字幕样式"为第四排第 7 个、"字体"为 STHupo（华文琥珀）、"字体大小"为 70，单击"水平居中"和

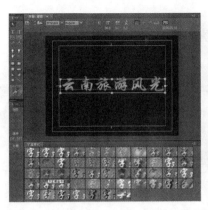

图 2-105　新建"题目"字幕并设置字幕属性

"垂直居中"按钮，在字幕属性面板修改"跟踪"为 10、"倾斜"为 0°，如图 2-106 所示。复制该字幕两次，重命名为"02 香格里拉"和"03 丽江"，分别修改字幕的输入内容为"香格里拉"和"丽江"。

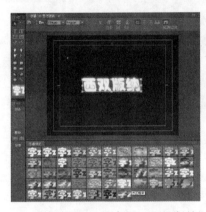

图 2-106　新建"01 西双版纳"字幕并设置字幕属性

3）新建静态字幕"结尾"，输入内容为"The End"，设置"字幕样式"为第二排第 7 个、"字体"为 SimHei（黑体）、"字体大小"为 80，单击"水平居中"和"垂直居中"按钮，如图 2-107 所示。

步骤 14：为序列"合成"编辑素材

1）双击"合成"序列，在"视频 1"轨道上插入字幕"题目"，将该字幕的持续时间改为 2s，如图 2-108 所示。

2）在"视频 1"轨道上，在"题目"字幕后面按序插入"01 西双版纳"字幕、"01 西双版纳"序列、"02 香格里拉"字幕、"02 香格里拉"序列、"03 丽江"字幕、"03 丽江"序列和"结尾"字幕，并将所有字幕的持续时间改为 2s，插入字幕和序列后的效果如图 2-109 所示。

步骤 15：为序列"合成"添加并设置转场效果

在"视频 1"轨道上，为所有相邻素材中间添加"黑场过渡"转场效果，设置该转场的"持续时间"为 01：05，"对齐"为居中于切点，如图 2-110 所示。在"结尾"字幕的结尾处

图 2-107　新建"结尾"字幕并设置字幕

图 2-108　修改静态字幕的持续时间

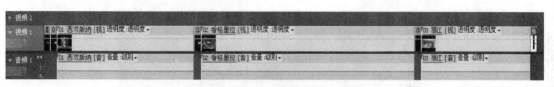

图 2-109　插入字幕和序列后的效果

添加"黑场过渡"转场效果，设置该转场的"持续时间"为 20 帧，如图 2-111 所示。

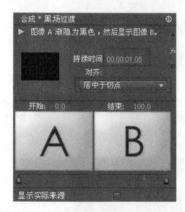

图 2-110　相邻素材中间添加转场效果

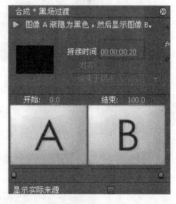

图 2-111　素材结尾处添加转场效果

步骤 16：为序列"合成"添加并编辑背景音乐

1）选择素材"music. mp3"，将其拖到"音频 1"轨道上。该素材将覆盖轨道上的原素材，起到自动删除三个序列音频部分的作用。由于音乐素材较长，选中音频素材右边界向左拖动，使其与"视频 1"轨道的右边界对齐，剪掉多余的音频部分，如图 2-112 所示。

2）由于音频素材剪掉了一部分，使人感觉音乐突然结束，为了解决这个问题，需要确定结尾部分，并将该部分制作为"渐弱"效果。将时间线定位在"结尾"字幕开始处，单击"音频 1"轨道下方的"添加关键帧"按钮，则会在时间线所在位置添加一个关键帧。用相同的方法在"结尾"字幕结束处添加另一个关键帧，两个关键帧确定了音乐的结尾部分，如图 2-113 所示。

3）通过调整关键帧位置的方法，可以为音频的结尾部分制作"渐弱"效果。选择第 2

— 65 —

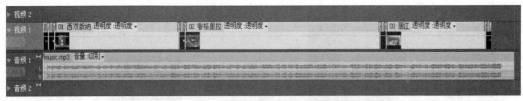

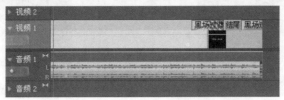

图 2-112　插入音频素材并对素材进行剪辑

图 2-113　为音频结尾部分添加关键帧

个关键帧，将其向下拖动，两个关键帧之间的"黄色线"由水平直线变为向下斜线，即"音量"由大逐渐变小，如图 2-114 所示。

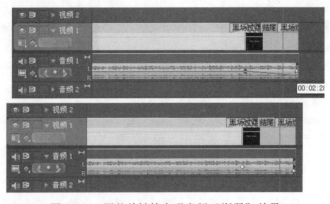

图 2-114　调整关键帧实现音频"渐弱"效果

步骤 17：导出视频

1）单击"文件"→"导出"→"媒体"命令，在弹出的信息框中单击"确定"按钮，如图 2-115 所示。

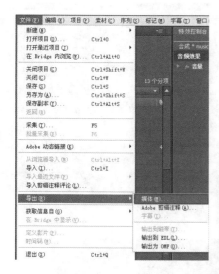

图 2-115 导出视频操作方法

2）在弹出的"导出设置"对话框中，以输出"MOV格式"的视频为例，在"格式"下拉列表中选择"QuickTime"，在"预置"下拉列表中选择"PAL DV"，在"输出名称"文本框中确定存放路径和文件名，最后单击"确定"按钮，如图2-116所示。

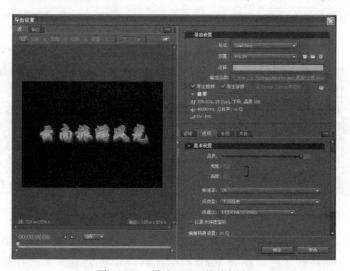

图 2-116 导出 MOV 格式视频

3）设置好导出参数后，Premiere Pro CS4会自动调用Adobe公司的另一个软件"Media Encoder CS4"进行视频输出，在弹出的软件中，单击"Start Queue"按钮开始序列的导出，在软件的下方将会有进度条和当前帧的图像，如图2-117所示。

4）若要输出其他格式的视频文件，则需要在"导出设置"对话框中进行参数的设置。常见的视频格式还有AVI、WMV、MPEG等格式，参数设置如图2-118~图2-120所示。

5）若要输出MP3等格式的音频文件，则同样需要在"导出设置"对话框中进行参数的设置，参数设置如图2-121所示，这种情况适合从视频文件中截取音频。

图 2-117　调出"Media Encoder CS4"软件进行导出

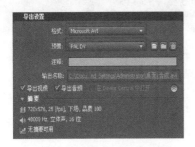

图 2-118　导出 AVI 格式视频

图 2-119　导出 WMV 格式视频

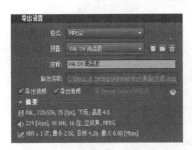

图 2-120　导出 MPEG 格式视频

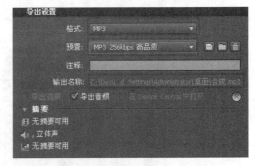

图 2-121　导出 MP3 格式音频

6）由于只在 Premiere 软件中进行导出设置，因此用户可以在设置好多个文件的导出参数后，关闭 Premiere 软件，此时在 Media Encoder 软件中将会有多个文件排队等候导出，如图 2-122 所示。

图 2-122　Media Encoder 软件的导出文件列表

7）导出的视频、音频文件的图标如图2-123所示。

图 2-123　导出的音、视频文件的图标

知识链接

1. 安装汉化版 Premiere Pro CS4 软件

1）双击"setup. exe"后，弹出"正在初始化"界面，如图2-124所示。

2）进入"欢迎"界面，输入序列号，单击"下一步"按钮，如图2-125所示。进入许可协议界面，选择语言后，单击"接受"按钮，如图2-126所示。

图 2-124　软件安装初始化界面

图 2-125　输入序列号界面

图 2-126　许可协议界面

3）进入"选项"界面，根据需求选择欲安装的组件并选择"安装位置"，单击"安装"按钮，如图2-127所示。进入进度界面，显示文件安装进度，如图2-128所示。

图 2-127　安装选项选择界面图

图 2-128　安装进度界面

4）进入注册界面，单击"Register Later"按钮，如图 2-129 所示。进入完成界面，单击"退出"按钮，完成软件安装，如图 2-130 所示。

图 2-129　软件注册界面

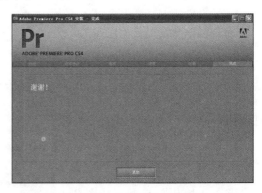

图 2-130　软件安装完成界面

5）双击"汉化.exe"后进行软件中文程序安装，进入安装界面，单击"下一步"按钮，如图 2-131 所示。进入"许可协议"界面，选中"我同意此协议"单选按钮，单击"下一步"按钮，如图 2-132 所示。

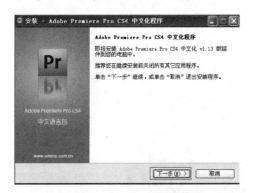

图 2-131　汉化软件安装界面

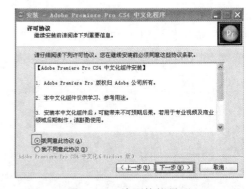

图 2-132　许可协议界面

6）进入"信息"界面，单击"下一步"按钮，如图 2-133 所示。进入"选择目标位置"界面，单击"下一步"按钮，如图 2-134 所示。

7）进入"选择组件"界面，单击"下一步"按钮，如图 2-135 所示。进入"选择开始

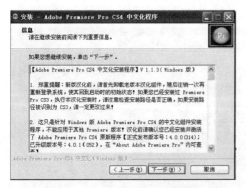

图 2-133　"信息"界面

图 2-134　"选择目标位置"界面

菜单文件夹"界面，单击"下一步"按钮，如图 2-136 所示。

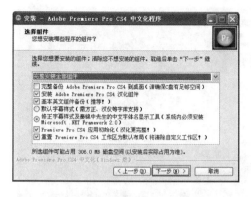

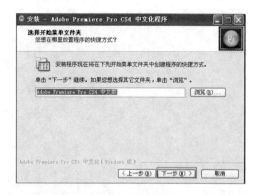

图 2-135 "选择组件"界面　　　　　　　　图 2-136 "选择开始菜单文件夹"界面

8) 进入"选择附加任务"界面，选择附加任务，单击"下一步"按钮，如图 2-137 所示。进入"准备安装"界面，单击"安装"按钮，如图 2-138 所示。

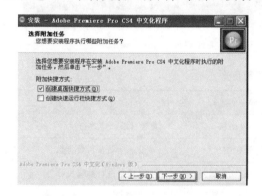

图 2-137 "选择附近任务"界面　　　　　　　　图 2-138 "准备安装"界面

9) 汉化软件安装完成后，单击"完成"按钮，如图 2-139 所示。

图 2-139 汉化软件安装完成界面

2. Premiere Pro CS4 软件工作界面介绍

Premiere Pro CS4 软件的工作界面由若干个面板、窗口组成，如图 2-140 所示，其用途见表 2-5。

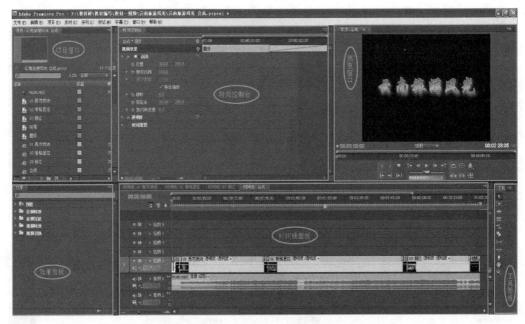

图 2-140　Premiere Pro CS4 软件工作界面

表 2-5　工作界面用途

工作界面名称	工 作 用 途	工作界面名称	工 作 用 途
项目窗口	导入并管理素材	效果面板	为素材添加特效、转场效果
时间线面板	按时间排列素材、编辑素材	特效控制台	设置运动及特效参数
预览窗口	对编辑素材进行实时预览	工具面板	对素材进行编辑操作

拓展任务

　　模仿该任务，制作完成以"班级成长"为主题的视频作品。作品内容可以通过学习生活、文体活动、专业活动等方面来表现。

任务三　视频短片输出

任务描述

　　在本任务中，将使用不同的多媒体输出设备进行视频短片输出。

任务分析

　　在本任务中，视频短片输出的方式如下：在计算机中播放视频、使用刻录光驱刻录视频光盘、使用电视播放视频等，如图 2-141 所示。

图 2-141　视频短片输出的方式

子任务一　在计算机上播放视频

知识储备

一、视频播放软件

视频播放软件是进行音视频播放的多媒体播放软件，使用非常广泛。有的播放软件只能播放存储于计算机中的音视频文件，如 Media Player、暴风影音、KMPlayer 等，还有的播放软件具有下载功能，可以在网络上在线观看，看完后自动将视频文件保存在计算机上，如皮皮影视、GVOD、风行等，但会占用较多的网络资源。

二、常用视频播放软件介绍

1. Windows Media Player

Windows Media Player 软件是微软公司出品的一款免费播放器，是 Microsoft Windows 的一个组件，通常简称 WMP。该软件可以播放 MP3、WMA、WAV 等格式的文件，视频方面可以播放 AVI、WMV、MPEG-1、MPEG-2、DVD 等格式的文件。

2. 暴风影音

暴风影音是大家常用的、能兼容大多数的视频和音频格式的一款视频播放器。该软件除了支持 RealOne、Windows Media Player 等多媒体格式外，还支持 QuickTime、DVDRip 及 APE 等格式。

3. KMPlayer

KMPlayer 是来自韩国的影音全能播放器，通过各种插件扩展可以支持层出不穷的新格式，通过独有的扩展能力，可以选择使用不同解码器对各种格式进行解码。

任务实施

步骤 1：使用 Media Player 播放视频短片

1）单击"开始"→"所有程序"→"Windows Media Player"（见图 2-142），打开 Windows Media Player 播放器，如图 2-143 所示。

2）打开视频文件所在的文件夹，将视频文件"云南旅游风光"拖到 Windows Media Player 播放器的播放列表位置，然后松开鼠标，即可自动播放，如图 2-144 所示。

图 2-142　打开软件

图 2-143　Windows Media Player 窗口

图 2-144　将要播放的文件拖到播放列表

小提示：播放文件除了使用拖动的方式外，还可以使用菜单方式，操作方法如图 2-145所示。

图 2-145　使用菜单操作方式将文件添加到播放列表

步骤2：使用暴风影音播放视频短片

1）单击"开始"→"所有程序"→"暴风软件"→"暴风影音5"（见图2-146），弹出如图2-147所示的窗口。

图2-146 打开暴风影音软件

图2-147 暴风影音播放窗口

2）单击暴风影音窗口左上角的下拉按钮，在弹出的快捷菜单中单击"文件"→"打开文件"命令，如图2-148所示。

3）在弹出的"打开"对话框中打开相应的文件夹，选择要播放的视频文件"云南旅游风光"，单击"打开"按钮，如图2-149所示。在播放窗口开始播放视频，如图2-150所示。

图2-148 "打开文件"命令

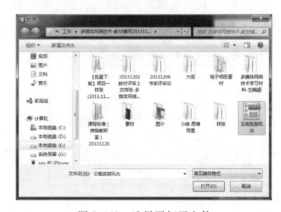

图2-149 选择要打开文件

4）单击播放窗口下方的"全屏"按钮 ，实现全屏播放，如图2-151所示。

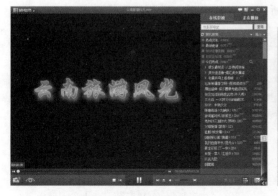

图2-150 播放视频文件

图2-151 全屏播放视频

子任务二 使用刻录光驱刻录视频光盘

知识储备

一、刻录及刻录光驱

刻录也叫烧录，就是把想要的数据通过刻录机等工具刻制到光盘、烧录卡（GBA）等介质中。刻录光驱的外观和普通光驱差不多，包括 CD-R、CD-RW 和 DVD 刻录机等。

二、刻录光驱辅助软件

刻录软件是支持刻录机刻录光盘的集多种功能于一体的超级多媒体软件合集。常见的刻录软件有 Nero、狸窝 DVD 刻录软件、ONES 刻录精灵等。

任务实施

Nero 刻录软件是一款专业的刻录软件，支持多种视频格式刻录，操作简单、界面友好。

步骤 1：安装 Nero 刻录软件

1）在"我的电脑"中打开刻录软件安装程序所在的文件夹，如图 2-152 所示。双击"Nero-9.4.12.3d_ free"程序，进入安装引导界面，如图 2-153 所示。

图 2-152 打开刻录软件所在的文件夹

图 2-153 进入安装引导界面

2）在随后进入的安装向导窗口中，选择语言为"中文（简体）"，单击"下一步"按钮，如图 2-154 所示。

3）选择安装"Ask Toolbar"，如图 2-155 所示，单击"下一步"按钮。

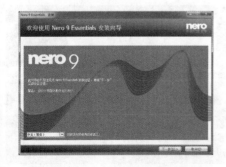
图 2-154 选择语言

图 2-155 选择安装"Ask Toolbar"

4）输入软件序列号后，单击"下一步"按钮，如图 2-156 所示。

5）在许可证条款窗口中，选中"我接受许可证条款"复选框，单击"下一步"按钮，如图 2-157 所示。

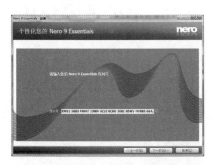

图 2-156　输入软件序列号

图 2-157　许可证条款窗口

6）在"选择安装类型"窗口选择"典型"安装，进入正在安装界面，当界面底部的安装进度条到 100% 时，完成安装，进入"安装成功"界面，如图 2-158～图 2-160 所示。

图 2-158　选择"典型"安装

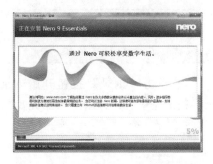

图 2-159　正在安装界面

步骤 2：使用 Nero 刻录光盘

1）双击桌面上的"Nero Start Smart Essentials"图标，进入"Nero Start Smart Essentials"窗口，如图 2-161 所示。

图 2-160　"安装成功"界面

图 2-161　"Nero Start Smart Essentials"窗口

小提示：如果桌面上没有创建快捷图标，则可以单击"开始"→"所有程序"→"Nero"→"Nero 9"→"Nero StartSmart Essentials"，打开刻录软件。

2）单击窗口左侧的"数据刻录"按钮，进入"数据刻录光盘"设置，在"光盘名称"文本框中输入将要刻录光盘的名称，单击"添加"按钮，选择要刻录的文件"云南旅游风光．mov"，如图 2-162 所示。

3）单击窗口右上部的"转到选项"按钮，进入"选项"对话框，设置好"刻录速度"，并选择是否需要"刻录后验证光盘上的数据"后，单击"确定"按钮，回到"数据刻录光盘"设置窗口，如图 2-163 所示。

图 2-162　设置刻录光盘信息

图 2-163　"选项"对话框

小提示：在刻录光盘时，建议不要采用最快的速度，一般用慢速刻录出的光盘的可读性要优于快速刻录的光盘。

4）单击"刻录"按钮开始刻录，此时刻录窗口下部会显示刻录进度，如图 2-164 所示。刻录完毕后，弹出"数据光盘刻录"对话框提示刻录成功，如图 2-165 所示。

图 2-164　刻录过程

图 2-165　提示刻录成功

5）在"我的电脑"中打开光盘，可以看到刻录在光盘中的文件（见图 2-166），双击

图 2-166　刻录后光盘中的文件

文件即可播放视频。

子任务三　使用电视播放视频

知识储备

一、电视技术发展的三个阶段

电视作为多媒体终端，是当代最有影响力的信息传播工具！

电视是 20 世纪 20 年代的伟大发明，在 20 世纪 50 年代开发电视技术时，用任何一种数字技术来传输和再现真实世界的图像和声音都是极其困难的，因此电视技术一直沿着模拟信号处理技术的方向发展，直到 20 世纪 70 年代才开始开发数字电视。

高清晰度电视（HDTV）是电视技术的最新发展，在此之前电视技术已经经历了从黑白到彩色、从模拟到数字的转变。数字电视技术的发展释放了标清电视（SDTV）技术标准的全部潜力，在不改变电视体系标准的条件下使图像质量比模拟电视有了很大提高。因此在数字电视的基础上要想大幅度提高图像质量就必须改变电视技术标准，增加有效信息量，这就是电视技术从模拟电视→标清数字电视→高清数字电视的发展过程。

二、数字电视概念

数字电视是电视数字化和网络化后的产物。数字电视是一个系统，是指从电视节目采集、制作、编辑、播出、传输、用户端接收、显示等全过程的数字化，换句话说就是系统所有过程信号全是由 0、1 组成的数字流。

数字电视已不仅仅是传统意义上的电视，而是能提供包括图像、数据、语音等全方位的服务，是 3C 融合的一个典范，是计算机、传输平台、消费电子三个环节的聚焦点。

三、高清和标清

1. 清晰度（分辨率）的表达方法

由于历史的原因在电视、电影（胶片）以及数字影像等行业表达清晰度（分辨率）的方法是不同的。

模拟电视时代摄像管和显像管都是通过扫描线的扫描产生和再现图像，所以当时用"线"或"电视线"表示清晰度。

（1）垂直清晰度

电视的垂直清晰度用线数表示，与有效扫描行数有关，如图 2-167 所示。在理想的极端条件下垂直清晰度与有效扫描行数相同，在一般情况下垂直清晰度相当于有效扫描行数的 50%~70%（科尔系数）。

（2）绝对清晰度（线）（水平清晰度）和相对清晰度（电视线）

绝对清晰度是指在水平方向上实际显示的线条数，如图 2-168 所示。例如，在水平方向上显示 400 条线（黑色/白色各 200 条）时称水平清晰度为 400 线。

因为电视画面的宽高比是 4:3，所以在像素尺寸相同的条件下水平方向上能够容纳的像素数量是垂直方向上的 4/3 倍。例如，在线距相同的情况下，垂直方向显示 300 条线时，

— 79 —

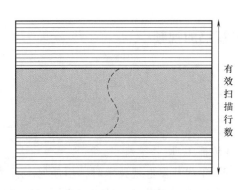

图 2-167　垂直清晰度

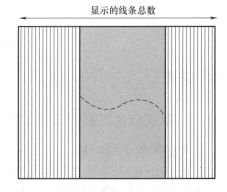

图 2-168　绝对清晰度（水平清晰度）

水平方向上能够显示 400 条线。为了在同一系统中用相同的度量方法表示不同方向上的清晰度，在电视技术中把画面宽高比与水平方向上显示线条数的乘积称为"电视线"。例如，在水平方向上显示 400 条线时称水平清晰度为 400×3/4 = 300 电视线。

因为用电视线概念表达的水平清晰度是相对值，所以在显示线条数量相同的情况下画面宽高比不同时水平清晰度的电视线数是不同的。例如，在水平方向上显示 400 条线时，如果画面宽高比是 16:9，则水平清晰度为 400 × 9/16 = 225 电视线，如图 2-169 所示。

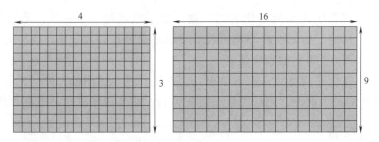

图 2-169　宽度比不同时相对清晰度也不同

2. 数字电视按图像清晰度分类

数字电视按图像清晰度分为以下三大类。

1）数字高清晰度电视（HDTV）：需至少 720 线逐行或 1080 线隔行扫描，屏幕宽高比应为 16:9，采用杜比数字音响，能将高清晰格式转化为其他格式并能接收并显示较低格式的信号，图像质量可达到或接近 35mm 宽银幕电影的水平。

2）数字标准清晰度电视（SDTV）：必须达到 480 线逐行扫描，能将 720 逐行、1080 隔行等格式变为 480 逐行输出，采用杜比数字音响，对应现有电视的分辨率，其图像质量为演播室水平。

3）数字普通清晰度电视（LDTV）：显示扫描格式低于标准清晰度电视，即低于 480 线逐行扫描的标准，对应现有 VCD 的分辨率。

3. 按显示屏幕幅型比分类

数字电视可分为 4:3 和 16:9 幅型比两种类型。

四、DVD 与高清电视机的接口

1. DVD 背面接口

DVD 背面接口如图 2-170 所示。

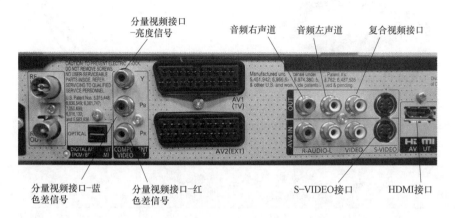

图 2-170　DVD 背面接口

2. 高清电视机背面接口

高清电视机背面接口如图 2-171 所示。

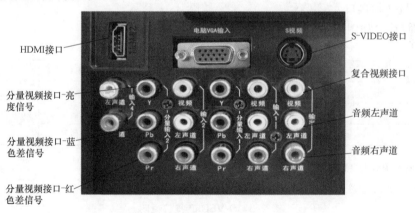

图 2-171　高清电视机背面接口

3. 接口功能说明及连接线材

（1）HDMI 接口

HDMI（高清晰度多媒体接口，High Definition Multimedia Interface）是一种全数字化影像和声音传送接口，可以传送无压缩的音频信号及视频信号。HDMI 接口如图 2-172 所示。

HDMI 可用于机顶盒、DVD 播放机、个人计算机、电视游乐器、综合扩大机、数位音响与电视机。

HDMI 不仅可以满足目前最高画质 1080P 的分辨率，还能支持 DVD Audio 等最先进的数字音频格式，支持八声道 96kHz 或立体声 192kHz 数码音频传送，而且只用一条 HDMI 线连接，免除数字音频接线。同时，HDMI 标准所具备的额外空间可以应用在日后升级的音视频格式中。

（2）AV 接口

AV 接口如图 2-173 所示。AV 接口说明见表 2-6。

图 2-172　HDMI 接口

图 2-173　AV 接口

表 2-6　AV 接口说明

对应接口颜色 （电视机或DVD）	接口名称	中文标示 （电视机）	英文标示 （DVD）	接口作用
黄色	复合视频接口	视频	Video	亮度和色度信号在同一信道中传输
白色	音频左声道接口	左声道	L	传输音频左声道信号
红色	音频右声道接口	右声道	R	传输音频右声道信号

（3）分量视频接口

分量视频接口如图 2-174 所示。分量视频接口说明见表 2-7。

表 2-7　分量视频接口说明

接口颜色	接口名称	英文标示	接口作用	接口总称
绿色	亮度接口	Y	传输亮度信号	分量视频接口
蓝色	蓝色差接口	Pb	传输蓝色差信号	
红色	红色差接口	Pr	传输红色差信号	

（4）S-VEDIO 接口

S-VEDIO 接口如图 2-175 所示。S-VEDIO 接口见表 2-8。

表 2-8　S-VEDIO 接口说明

对应接口颜色 （电视机或DVD）	接口名称	中文标示 （电视机）	英文标示 （DVD）	接口作用
黑色	S-Video 视频信号接口	S 视频	S-VIDEO	亮度色度（Y/C）分别输出

图 2-174　分量视频接口

图 2-175　S-VEDIO 接口

任务实施

1. 使用 AV 接口

步骤 1：使用 AV 线连接 DVD 与高清电视机

使用 AV 接口接线图如图 2-176 所示。

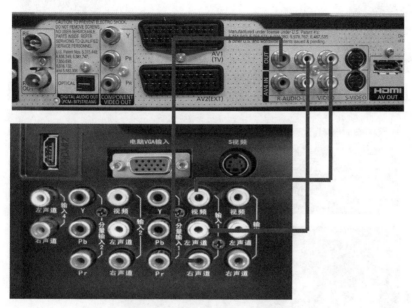

图 2-176 使用 AV 接口接线图

说明：

1）每个设备上颜色相同的接口分别为"输入""输出"，注意选择正确的接口。

① 输入：表示电信号从其他设备流入本设备。

② 输出：表示电信号从本设备流出至其他设备。

在本次操作中：

电信号是"流出"DVD，在 DVD 上应选择"输出"接口。

电信号是"流入"电视机，在电视机上应选择"输入"接口。

2）连接思路。

连接设备应该按照电信号的流向，先连接信号源（DVD），再连接信号终端（电视机）。

步骤 2：调试高清电视机

根据信号输入的接口名称，选择遥控器上的"信号源"按键或菜单"信源"，选择输入至电视机的信号来自于"视频 1"，如图 2-177 和图 2-178 所示。设置完成后，电视屏幕会出现 DVD 播放的视频图像。

2. 使用 HDMI 接口

步骤 1：使用 HDMI 接口及线材连接 DVD 与电视机

使用 HDMI 接口接线图如图 2-179 所示。

步骤 2：调试高清电视机

根据信号输入的接口名称，选择遥控器上的"信号源"按键或菜单"信源"，选择输入

项目

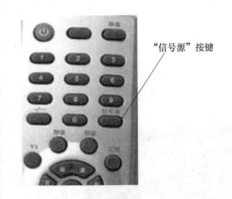

"信号源"按键

图 2-177 电视机遥控器面板

选择"视频1"

图 2-178 电视机上显示"信源"菜单

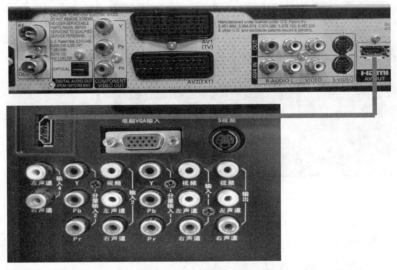

图 2-179 使用 HDMI 接口接线图

至电视机的信号来自于"HDMI1",如图 2-180 和图 2-181 所示。

"选择"信号源
按键

图 2-180 电视机遥控选择

选择"HDMI1"

图 2-181 电视机上显示"信源"菜单

接下来，大家就可以欣赏到自己制作的视频短片啦！

※知识链接※

常见的刻录光盘有 CD-R 和 DVD-R，均为一次性写入标准。

CD-R 使用较早，盘容量一般为 700MB，可以放在 CD-ROM 上读取，一般用来刻录一些不会改变的东西，也可以刻 VCD 影碟。

DVD-R 的刻录原理与 CD-R 相似，都是利用激光在有机染料层上写入数据，可以刻 DVD 影碟，供 DVD-ROM 光驱读取，也可以在 DVD-Video 播放机中播放，最初的 DVD-R 容量只有 3.95GB，后期扩充至 4.7GB。

※项目评价※

项目评价见表 2-9。

表 2-9　项目评价

评价要素	知识点（技能点）	评价标准
视频短片素材采集	采集老照片	认识扫描仪，能正确进行硬件设备连接、安装驱动程序及扫描、导出电子照片
	采集电子照片	能正确使用数码照相机拍照及导出电子照片
	采集视频素材	认识数码摄像机，能正确使用摄像机拍摄视频并导出视频文件
	采集声音素材	能正确使用录音笔录音并导出音频文件
视频短片编辑	新建并设置项目	创建符合要求的项目文件和序列
	导入并管理素材	正确导入素材和文件夹，重命名、复制、删除素材
	编辑素材	正确插入素材、修改持续时间、适配画面大小、设置运动参数、解除视音频链接关系
	添加并设置视频特效	添加符合要求的视频效果并进行参数设置
	添加并设置转场效果	添加符合要求的转场效果并进行参数设置
	添加并设置字幕	正确添加基于字幕模板、多种样式的静态字幕
	编辑音频	添加音频，并制作音频"渐弱"效果
	导出视频	正确导出在播放器中播放的视频（多种格式）
视频短片输出	在计算机上播放视频	了解软件，能正确使用软件在计算机上播放视频
	使用刻录光驱刻录视频光盘	正确安装软件，并能正确刻录光盘
	使用电视播放视频	正确使用 AV 接口和 HDMI 接口播放视频

※拓展练习※

请以"我的成长历程"为主题，从采集素材开始，完成一个视频短片并进行视频输出。

※项目小结※

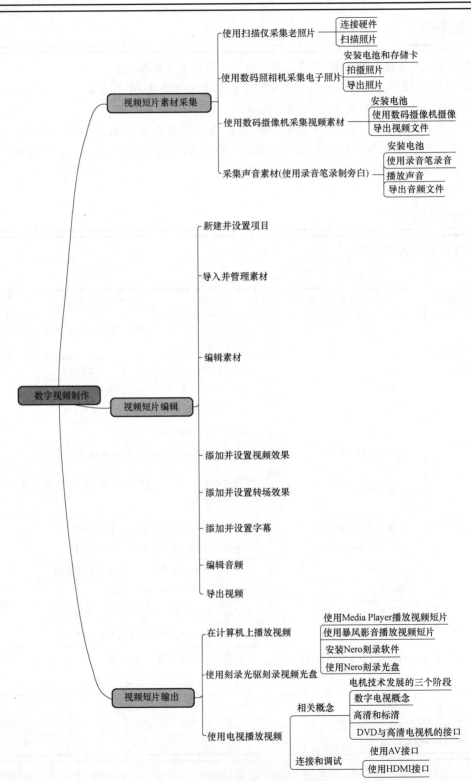

学习单元三
局域网综合布线

※ 单元概述 ※

　　局域网综合布线是一门新发展起来的工程技术，是一个多学科交叉的新领域，也是计算机技术、通信技术、控制技术与建筑技术紧密结合的产物。现在，我们生活在一个信息化时代，人们的生活已经离不开计算机网络系统了。无论是政府机关、企事业单位，还是商住楼、写字楼都离不开现代化的办公及信息传输系统，而这些系统全部由网络综合布线系统来支持，所以掌握网络综合布线技术显得尤为重要。

项目
局域网综合布线的设计与实施

※项目描述※

在局域网中，特别是在一些规模较大、结构较复杂的局域网组建中，综合布线是整个网络组建过程中至关重要的一部分，关系着整个网络组建的成败。本项目由于学校的规模不断扩大，不规范的综合布线存在一定的安全隐患、不稳定性和影响美观等因素，需严格按照国家标准设计要求施工，满足用户的需求。

※项目分析※

本项目设置了以下三个任务：综合布线工具的使用与配线端接线、子系统的设计与施工安装、综合布线系统的验收，如图 3-1 所示。通过这三个任务的学习，让学习者全方面地掌握网络综合布线的设计与实施全过程，解决实际生活中遇到的问题。

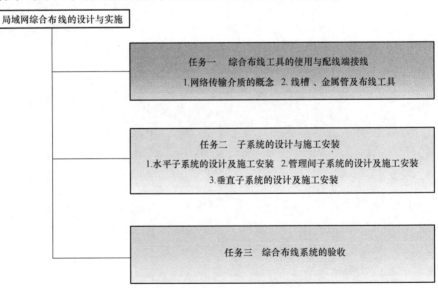

图 3-1　局域网综合布线的设计与实施包括的三个任务

※项目准备※

1. 传输介质。
2. RJ-45 水晶头。

3. 综合布线工具。

任务一　综合布线工具的使用与配线端接线

任务描述

在综合布线中各种介质的连接线缆的敷设是主要的工作，在这个施工过程中包含了很多布线工具的使用，同时在线缆敷设时需要将线缆连接到整层的各个信息点，因而又需要使用到很多布线辅助工具，所以该工程要求施工人员要熟练掌握各种工具的功能、使用方法及使用技巧。

任务分析

本任务首先对网络传输介质进行了整体的介绍，然后利用综合布线工具进行网络水晶头的制作。

知识储备

一、网络传输介质的概念

1. 网络传输介质

网络传输介质是网络中发送方与接收方之间的物理通路，它对网络的数据通信具有一定的影响。常用的传输介质有双绞线、同轴电缆、光缆、无线传输媒介。

2. 双绞线

双绞线是由两条相互绝缘的导线按照一定的规格互相缠绕（一般以逆时针缠绕）在一起而制成的一种通用配线，属于信息通信网络传输介质。双绞线过去主要是用来传输模拟信号的，但现在同样适用于数字信号的传输。

3. 同轴电缆

同轴电缆从用途上可分为基带同轴电缆和宽带同轴电缆（即网络同轴电缆和视频同轴电缆）。同轴电缆分 50Ω 基带电缆和 75Ω 宽带电缆两类。基带电缆又分细同轴电缆和粗同轴电缆。基带电缆仅仅用于数字传输，数据率可达 10Mbit/s。

4. 光缆

光缆主要是由光导纤维（细如头发的玻璃丝）和塑料保护套管及塑料外皮构成的，光缆内没有金、银、铜铝等金属，一般无回收价值。光缆是一定数量的光纤按照一定方式组成缆心，外包有护套，有的还包覆外护层，用以实现光信号传输的一种通信线路。光缆的基本结构一般由缆芯、加强钢丝、填充物和护套等几部分组成，另外根据需要还有防水层、缓冲层、绝缘金属导线等构件。

二、线槽、金属管及布线工具

1. 线槽

线槽又名走线槽、配线槽、行线槽（因地方而异），用来整理电源线、数据线等线材、固定在墙上或者顶棚上的用具。线槽一般有塑料材质和金属材质两种，可以起到不同的作用。

金属槽由槽底和槽盖组成，每根槽的长度一般为 2m，槽与槽连接时使用相应尺寸的铁板和螺钉固定。在综合布线系统中，一般使用的金属槽的规格有 50mm×100mm、100mm×100mm、100mm×200mm、100mm×300mm、200mm×400mm 等规格。

塑料线槽从型号上讲有 PVC-20 系列、PVC-25 系列、PVC-25F 系列、PVC-30 系列、PVC-40 系列、PVC-40Q 系列等，从规格上讲有 20mm×12mm、25mm×12.5mm、25mm×25mm、30mm×15mm、40mm×20mm 等。

与 PVC 槽配套的附件有阳角、阴角、直转角、平三通、左三通、右三通、连接头、终端头、接线盒（暗盒、明盒）等。

2. 金属管

金属管是用于分支结构或暗埋的线路。它的规格也有多种，以外径 mm 为单位，工程施工中常用的金属管有 D16、D20、D25、D32、D40、D50、D63、D25、D110 等规格。

在金属管内穿线比线槽布线难度更大一些，在选择金属管时要注意管径选择大一点，一般管内填充物占 30% 左右，以便于穿线。金属管还有一种是软管（俗称蛀皮管），供弯曲的地方使用。

3. 布线工具

布线工具名称及作用见表 3-1。

表 3-1　布线工具名称及作用

序号	工具名称	图片	作用
1	5 对 110 型打线工具		该工具是一种简便快捷的 110 型连接端子打线工具，用于 110 配线架连接
2	单对 110 型打线工具		该工具适用于线缆、110 型模块及配线架的连接工作
3	RJ-45 + RJ-11 双用压接工具		该工具适用于 RJ-45、RJ-11 水晶头的压接，包括双绞线切割、剥离外护套、水晶头压接多种功能

序号	工具名称	图片	作用
4	RJ-45 单用压接工具		该工具适用于 RJ-45 水晶头的压接，包括双绞线切割、剥离外护套、水晶头压接多种功能
5	剥线器		该工具用于除去线缆的外护套

任务实施

步骤 1：剥除外皮

用双绞线网线钳把双绞线的一端剪齐，然后把剪齐的一端插入网线钳用于剥线的缺口中。顶住网线钳后面的挡位以后，稍微握紧网线钳慢慢旋转一圈，让刀口划开双绞线的保护胶皮并剥除外皮，如图 3-2 所示。

> **小提示**：网线钳挡位离剥线刀口的长度通常恰好为水晶头的长度，这样可以有效避免剥线过长或过短。如果剥线过长，往往会因为网线不能被水晶头卡住而容易松动；如果剥线过短，则会造成水晶头插针不能跟双绞线完好接触。

步骤 2：排列芯线

1）剥除外包皮后会看到双绞线的四对芯线，每对芯线的颜色各不相同。将绞在一起的芯线分开，按照白橙、橙、白绿、蓝、白蓝、绿、白棕、棕的颜色一字排列，并用网线钳将线的顶端剪齐，如图 3-3 所示。

图 3-2 剥除外皮

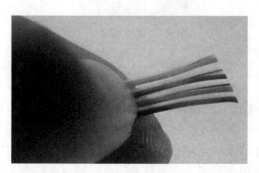

图 3-3 顶端剪齐

2）按照上述线序排列的每条芯线分别对应 RJ-45 插头的 1、2、3、4、5、6、7、8 针脚，如图 3-4 所示。

步骤 3:芯线插入插头

使 RJ-45 插头的弹簧卡朝下,然后将正确排列的双绞线插入 RJ-45 插头中。在插的时候一定要将各条芯线都插到底部。由于 RJ-45 插头是透明的,因此可以观察到每条芯线插入的位置,如图 3-5 所示。

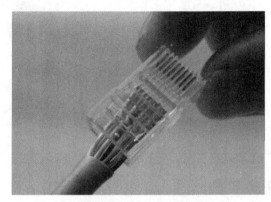

图 3-4　线序排列　　　　　　　　　　　　　　图 3-5　芯线插入的位置

步骤 4:压线

1)将插入双绞线的 RJ-45 插头插入网线钳的压线插槽中,用力压下网线钳的手柄,使 RJ-45 插头的针脚都能接触到双绞线的芯线,如图 3-6 所示。

2)完成双绞线一端的制作工作后,按照相同的方法制作另一端即可。注意,双绞线两端的芯线排列顺序要完全一致,如图 3-7 所示。

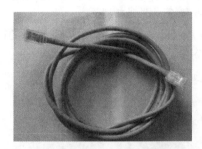

图 3-6　双绞线按压　　　　　　　　　　　　　　图 3-7　两端顺序一致

步骤 5:测试

在完成双绞线的制作后,建议使用网线测试仪对网线进行测试。将双绞线的两端分别插入网线测试仪的 RJ-45 接口,并接通测试仪电源。如果测试仪上的八个绿色指示灯都顺利闪烁,说明制作成功。如果其中某个指示灯未闪烁,则说明插头中存在断路或者接触不良的现象。此时应再次对网线两端的 RJ-45 插头用力压一次并重新测试,如果依然不能通过测试,则只能重新制作,如图 3-8 所示。

图 3-8　双绞线测试

> **小提示**：实际上在目前的 100Mbit/s 带宽的局域网中，双绞线中的八条芯线并没有完全用上，而只有第 1、2、3、6 线有效，分别起着发送和接收数据的作用。因此在测试网线时，如果网线测试仪上与芯线线序相对应的第 1、2、3、6 指示灯能够被点亮，则说明网线已经具备了通信能力，而不必关心其他的芯线是否连通。

知识拓展

综合布线中插座/插头配线规范

568A 和 568B 是指用于八针配线（最常见的就是 RJ-45 水晶头）模块插座/插头的两种颜色代码。按国际标准共有四种线序：T568A、T568B、USOC（8）、USOC（6）。一般常用的是前两种。剥开一段双绞线，会看到其中共有四对互相缠绕的独股塑包线：绿对、蓝对、橙对、棕对。在 ANSI/TIA/EIA 布线标准下两种都是可用的。这两种颜色代码之间的唯一区别就是橙色和绿色线对的互换。由于向后兼容性问题，T568B 配线图被认为是首选的配线图。

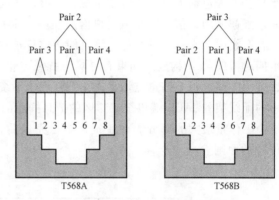

图 3-9　T568A 与 T568B 线序标准

T568A 配线图被标注为可选，但现在仍被广泛使用。T568A 与 T568B 的线序标准如图 3-9 所示。四种线序如下。

1）T568A 线序为白绿、绿、白橙、蓝、白蓝、橙、白棕、棕。

2）T568B 线序为白橙、橙、白绿、蓝、白蓝、绿、白棕、棕。

3）USOC（8）线序为白棕、绿、白橙、蓝、白蓝、橙、白绿、棕。

4）USOC（6）线序为空、白绿、白橙、蓝、白蓝、橙、绿、空。

T586B 为平常所使用的线序，在百兆数据传输中，主要用到 1、2、3、6 这四根线，如果是两个交换机用双绞线连接，则另一端线序为白绿、绿、白橙、蓝、白蓝、橙、白棕、棕。

任务二　子系统的设计与施工安装

任务描述

综合布线系统一般由六个独立的子系统组成，采用星形结构布放线缆，可使任何一个子系统独立地进入综合布线系统中。本任务主要针对水平子系统、管理间子系统、垂直子系统这三个子系统进行规划设计并制定出施工方案。

任务分析

　　本任务首先要掌握三个子系统的基础知识，然后规划建筑的水平子系统、管理间子系统、垂直子系统的设计方案，最后针对三个子系统介绍所用的设备和线缆，并分别进行施工安装。

知识储备

一、水平子系统

　　水平子系统也称为水平在线子系统，是整个布线系统的一部分。水平子系统是指从楼层配线间至工作区用户信息插座由用户信息插座、水平电缆、配线设备等组成，如图 3-10 所示。综合布线中，水平子系统是计算机网络信息传输的重要组成部分，采用星形拓扑结构，一般由四对 UTP 线缆构成。如果有磁场干扰或是信息保密时，可用屏蔽双绞线；高带宽应用时，可用光缆。每个信息点均需连接到管理子系统。最大水平距离为 90m，指从管理间子系统中的配线架的 JACK 端口至工作区的信息插座的电缆长度。水平布线系统施工是综合布线系统中工作量最大的部分。在建筑物施工完成后，不易变更，通常都采取"水平布线一步到位"的原则。

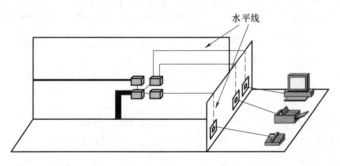

图 3-10　水平子系统

二、管理子系统

　　管理子系统设备设置在每层配线设备的房间内，其由交接间的配线设备、输入/输出设备等组成。管理子系统也可应用于设备间子系统。管理子系统应采用单点管理双交接口，在交接场之间应留出空间，以便容纳未来扩充的交接硬件。在该小区中按几层为单元在弱电井内放置配线架和语音采用 IBDN 的 BIX 安装架进行汇总，将每户用不同的标记进行分开，数据为模块式配线架，通过交换机连成一个局域网到设备间。水平线缆与垂直线缆用标准的跳线进行连接，全部集中在一个箱子里，只放置一个交接间，不使用二级交接。

三、垂直子系统

　　垂直子系统通常是由主设备间（如计算机房、程控交换机房）提供建筑中最重要的铜线或光纤线主干线路，是整个大楼的信息交通枢纽。一般它提供位于不同楼层的设备间和布线框间的多条连接路径，也可连接单层楼的大片地区。该子系统通常是两个单元之间，特别是在位于中央点的公共系统设备处提供多个线路设施。系统由建筑物内所有的垂直干线多对数电缆及相关支撑硬件组成，以提供设备间总配线架与干线接线间楼层配线架之间的干线路由。常用介质是大对数双绞线电缆和光缆。

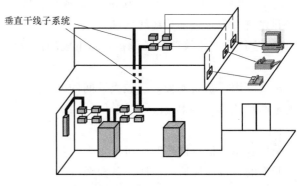

图 3-11　垂直干线子系统

干线的通道包括开放型和封闭型两种。前者是指从建筑物的地下室到其楼顶的一个开放空间。后者是一连串的上下对齐的布线间，每层各有一间，电缆利用电缆孔或电缆井穿过接线间的地板。由于开放型通道没有被任何楼板所隔开，因此为施工带来了很大的麻烦，一般不采用。垂直干线子系统如图 3-11 所示。

子任务一　水平子系统的设计及施工安装

任务实施

步骤 1：水平子系统的规划与设计

按照 GB 50311—2007 国家标准的规定，水平子系统属于配线子系统。水平子系统规划如图 3-12 所示。配线子系统各缆线长度应符合下列要求：

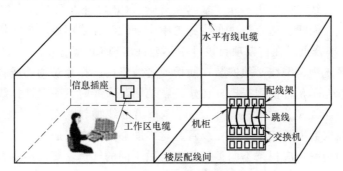

图 3-12　水平子系统规划

1）配线子系统信道的最大长度不应大于 100m。其中水平缆线长度不大于 90m，一端工作区设备连接跳线不大于 5m，另一端设备间（电信间）的跳线不大于 5m。如果两端的跳线之和大于 10m 时，则水平缆线长度值（90m）应适当减小，保证配线子系统信道最大长度不应大于 100m。信道标准如图 3-13 所示。

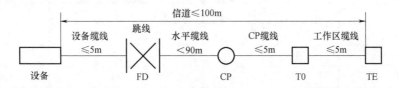

图 3-13　信道标准

2）信道总长度不应大于 2000m。信道总长度包括综合布线系统水平缆线、建筑物主干缆线和建筑群主干三部分缆线之和。

3）建筑物或建筑群配线设备之间组成的信道出现 4 个连接器件时，主干缆线的长度不应小于 15m。

对于商用建筑物或公共区域大开间的办公楼、综合楼等的场地，由于其使用对象数量的不确定性和流动性等因素，宜按开放办公室综合布线系统要求进行设计，并应符合下列规定：

采用多用户信息插座时，每一个多用户插座包括适当的备用量在内，宜能支持 12 个工作区所需的 8 位模块通用插座。各段缆线长度可按表 3-2 选用。

表 3-2　缆线数据表

电缆总长度/m	水平布线电缆 H/m	工作区电缆 w/m	电信间跳线和设备电缆 D/m
100	90	5	5
99	85	9	5
98	80	13	5
97	75	17	5
97	70	22	5

如果在水平布线系统施工中需要增加 CP 集合点时，同一个水平电缆上只允许一个 CP 集合点，而且 CP 集合点与 FD 配线架之间水平线缆的长度应大于 15m。

CP 集合点的端接模块或者配线设备应安装在墙体或柱子等建筑物固定的位置，不允许随意放置在线槽或者线管内，更不允许暴露在外边。CP 集合点只允许在实际布线施工中应用，规范了缆线端接做法，适合解决布线施工中个别线缆穿线困难时中间接续，实际施工中尽量避免出现 CP 集合点。在前期项目设计中不允许出现 CP 集合点。

在水平布线系统中，缆线必须安装在线槽或者线管内。在建筑物墙或者地面内暗设布线时，一般选择线管，不允许使用线槽。在建筑物墙明装布线时，一般选择线槽，很少使用线管。选择线槽时，建议宽高之比为 2∶1，这样布出的线槽较为美观、大方。选择线管时，建议使用满足布线根数需要的最小直径线管，这样能够降低布线成本。缆线布放在管与线槽内的管径与截面利用率，应根据不同类型的缆线做不同的选择。管内穿放大对数电缆或四芯以上光缆时，直线管路的管径利用率应为 50%～60%，弯管路的管径利用率应为 40%～50%。管内穿放 4 对对绞电缆或 4 芯光缆时，截面利用率应为 25%～35%。布放缆线在线槽内的截面利用率应为 30%～50%。常规通用线槽内布放线缆的最大条数表见表 3-3。线管规格型号与容纳双绞线的最多条数见表 3-4。

表 3-3　常规通用线槽内布放线缆的最大条数表

线槽/桥架类型	线槽/mm×桥架规格/mm×mm	容纳双绞线最多条数/条	截面利用率(%)
PVC	20×12	2	30
PVC	25×12.5	4	30
PVC	30×16	7	30
PVC	39×19	12	30
金属、PVC	50×25	18	30

线槽/桥架类型	线槽/mm×桥架规格/mm×mm	容纳双绞线最多条数/条	截面利用率(%)
金属、PVC	60×30	23	30
金属、PVC	75×50	40	30
金属、PVC	80×50	50	30
金属、PVC	100×50	60	30
金属、PVC	100×80	80	30
金属、PVC	150×75	100	30
金属、PVC	200×100	150	30

表 3-4　线管规格型号与容纳双绞线的最多条数

线管类型	线管规格/mm	容纳双绞线最多条数/条	截面利用率(%)
PVC、金属	16	2	30
PVC	20	3	30
PVC、金属	25	5	30
PVC、金属	32	7	30
PVC	40	11	30
PVC、金属	50	15	30
PVC、金属	63	23	30
PVC	80	30	30
PVC	100	40	30

布线弯曲半径要求布线中如果不能满足最低弯曲半径要求，则双绞线电缆的缠绕节距会发生变化，严重时电缆可能会损坏，直接影响电缆的传输性能。缆线的弯曲半径应符合下列规定：

1）非屏蔽 4 对对绞电缆的弯曲半径应至少为电缆外径的 4 倍。

2）屏蔽 4 对对绞电缆的弯曲半径应至少为电缆外径的 8 倍。

3）主干对绞电缆的弯曲半径应至少为电缆外径的 10 倍。

4）两芯或 4 芯水平光缆的弯曲半径应大于 25mm。

5）光缆容许的最小曲率半径在施工时应当不小于光缆外径的 20 倍，施工完毕应当不小于光缆外径的 15 倍。其他芯数的水平光缆、主干光缆和室外光缆的弯曲半径应至少为光缆外径的 10 倍。缆线类型表见表 3-5。

表 3-5　缆线类型表

缆线类型	弯曲半径
4 对非屏蔽电缆	不小于电缆外径的 4 倍
4 对屏蔽电缆	不小于电缆外径的 8 倍
大对数主干电缆	不小于电缆外径的 10 倍
两芯或 4 芯室内光缆	大于 25mm
其他芯数和主干室内光缆	不小于光缆外径的 10 倍
室外光缆、电缆	不小于缆线外径的 20 倍

网络缆线与电力电缆的间距在水平子系统中经常出现综合布线电缆与电力电缆平行布线的情况，为了减小电力电缆电磁场对网络系统的影响，综合布线电缆与电力电缆接近布线时，必须保持一定的距离。GB 50311—2007 国家标准规定的间距应符合表 3-6 的规定。

表 3-6 GB 50311—2007 国家标准规定的网络缆线与电力电缆间距表

类别	与综合布线接近状况	最小间距/mm
380V 以下（<2kV·A）电力电缆	与缆线平行敷设	130
	有一方在接地的金属线槽或钢管中	70
	双方都在接地的金属线槽或钢管中	10
380V（2~5kV·A）电力电缆	与缆线平行敷设	300
	有一方在接地的金属线槽或钢管中	150
	双方都在接地的金属线槽或钢管中	80
380V（>5kV·A）电力电缆	与缆线平行敷设	600
	有一方在接地的金属线槽或钢管中	300
	双方都在接地的金属线槽或钢管中	150

缆线的明装设计住宅楼、老式办公楼、厂房进行改造或者需要增加网络布线系统时，一般采取明装布线方式。明装布线示意图如图 3-14 所示。学生公寓、教学楼、实验楼等信息点比较密集的建筑物一般也采取隔墙暗埋管线、楼道明装线槽或者桥架的方式（工程上也叫暗管明槽方式）。住宅楼增加网络布线常见的做法是，将机柜安装在每个单元的中间楼层，然后沿墙面安装 PVC 线管或者线槽到每户入户门上方的墙面固定插座。使用线槽外观美观，施工方便，但是安全性比较差，使用线管安全性比较好。

楼道明装布线时，宜选择 PVC 塑料线槽，线槽盖板边缘最好是直角（见图 3-15），特别是在北方地区不宜选择斜角盖板，斜角盖板容易落灰，影响美观。采取暗管明槽方式布线时，每个暗埋管在楼道的出口高度必须相同，这样暗管与明装线槽直接连接，布线方便、美观。

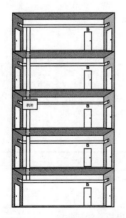

图 3-14 明装布线示意图

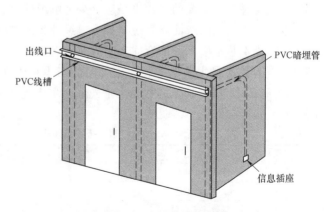

出线口　　　　　　　　PVC暗埋管
PVC线槽　　　　　　　信息插座

图 3-15 楼道明装布线

楼道采取金属桥架时，桥架应该紧靠墙面，高度低于墙面暗埋管口，直接将墙面出来的线缆引入桥架，如图 3-16 所示。

水平子系统的标准要求:

GB 50311—2007《综合布线系统工程设计规范》对水平子系统布线的安装工艺提出了具体要求。水平子系统缆线宜采用在吊顶、墙体内穿管或设置金属密封线槽及开放式（电缆桥架、吊挂环等）敷设，当缆线在地面布放时，应根据环境条件选用地板下线槽、网络地板、高架（活动）地板布线等安装方式。

步骤 2：水平子系统明装线槽布线的施工

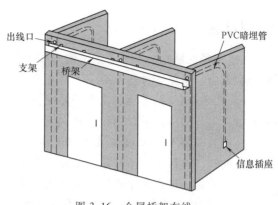

图 3-16　金属桥架布线

水平子系统明装线槽布线施工一般从安装信息点插座底盒开始，安装顺序如下：安装底盒→钉线槽→布线→装线槽盖板→压接模块→标记墙面。明装布线时宜使用 PVC 线槽，拐弯处曲率半径容易保证。以宽度为 20mm 的 PVC 线槽为例说明单根直径为 6mm 的双绞线缆在线槽中最大弯曲情况和布线最大曲率半径值为 45mm（直径为 90mm），如图 3-17 所示。布线弯曲半径与双绞线外径的最大倍数为 45/6＝7.5 倍。

安装线槽时，首先在墙面测量并且标出线槽的位置，在建工程以 1m 线为基准，保证水平安装的线槽与地面或楼板平行，垂直安装的线槽与地面或楼板垂直，没有可见的偏差。拐弯处宜使用 90°弯头或者三通，线槽端头安装专门的堵头。

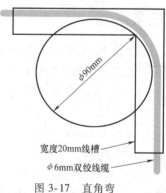

宽度20mm线槽
ϕ6mm双绞线缆

图 3-17　直角弯

线槽布线时，先将缆线布放到线槽中，边布线边装盖板，在拐弯处保持缆线有比较大的拐弯半径。完成安装盖板后，不要再拉线，如果拉线力量过大会改变线槽拐弯处的缆线曲率半径。安装线槽时，用水泥钉或者自攻丝把线槽固定在墙面上，固定距离为 300mm 左右，必须保证长期牢固。两根线槽之间的接缝必须小于 1mm，盖板接缝宜与线槽接缝错开。

步骤 3：水平子系统桥架布线施工

安装顺序如下：画线确定位置→装支架（吊竿）→装桥架→布线→装桥架盖板→压接模块→标记水平子系统。在楼道墙面宜安装比较大的塑料线槽，如宽度为 60mm、100mm 或150mm 的白色 PVC 塑料线槽，具体线槽高度必须按照需要容纳双绞线的数量来确定，选择常用的标准线槽规格，不要选择非标准规格。安装方法如下：首先根据各个房间信息点出线管口在楼道的高度确定楼道大线槽安装高度并且画线，然后将线槽固定在墙面，楼道线槽的高度宜遮盖墙面管出口，并且在线槽遮盖的管出口处开孔。如果各个信息点管出口在楼道高度偏差太大时，宜将线槽安装在管出口的下边，将双绞线通过弯头引入线槽，这样施工方便，外形美观，如图 3-18 所示。

图 3-18　线槽实物

知识拓展

1）路径的勘察。水平子系统的布线工作开始之前，首先要勘察施工现场，确定布线的路径和走向，避免盲目施工给工程带来浪费和拖延工期。

2）线槽/线管的敷设。水平子系统主干线槽敷设一般都是明装在建筑物过道的两侧或是吊顶之上，这样便于施工和检修。入户部分有暗埋和明装两种。暗埋时多为 PVC 线管或钢管，明装时使用 PVC 线管或线槽。在过道墙面敷设线槽时，为了线槽保持水平，一般先用墨斗放线，然后用电锤打眼，安装木楔子之后才开始安装明装线槽。在吊顶上安装线槽或桥架，必须在吊顶之前完成安装吊杆或支架以及布线工作。

3）布线时携带的工具。水平子系统布线时，一般在楼道内敷设高度比较高，需要携带梯子。在入户时，暗管内土建方都留有牵引钢丝，但是有时拉牵引钢丝时会难以拉出或牵引钢丝留的太短拉不住，这样就需要用老虎钳夹住牵引钢丝将线拉出。

子任务二　管理间子系统的设计及施工安装

任务实施

步骤 1：管理间子系统设计

管理间子系统的设计原则如下：

1）管理间数量的确定。每个楼层一般宜至少设置 1 个管理间（电信间）。如果每层信息点数量较少，且水平缆线长度不大于 90m，则宜几个楼层合设一个管理间。如果该层信息点数量不大于 400 个，水平缆线长度在 90m 以内，宜设置一个管理间，当超出这个范围时宜设两个或多个管理间。

2）管理间面积。GB 50311—2007 中规定管理间的使用面积不应小于 $5m^2$，也可根据工程中配线管理和网络管理的容量进行调整。一般新建楼房都有专门的垂直竖井，楼层的管理间基本都设计在建筑物竖井内，面积在 $3m^2$ 左右。在一般小型网络综合布线系统工程中，管理间也可能只是一个网络机柜。一般旧楼增加网络综合布线系统时，既可以将管理间选择在楼道中间位置的办公室，也可以采取壁挂式机柜直接明装在楼道。管理间安装落地式机柜时，机柜前面的净空不应小于 800mm，后面的净空不应小于 600mm，以方便施工和维修。安装壁挂式机柜时，一般在楼道安装高度不小于 1.8m。

3）管理间电源要求。管理间应提供不少于两个 220V 带保护接地的单相电源插座。管理间如果安装电信管理或其他信息网络管理时，管理供电应符合相应的设计要求。

4）管理间门要求。管理间应采用外开丙级防火门，门宽大于 0.7m。

5）管理间环境要求。管理间内温度应为 10~35℃，相对湿度宜为 20%~80%。一般应该考虑网络交换机等设备发热对管理间温度的影响，在夏季必须保持管理间温度不超过 35℃。

6）电源安装要求。管理间的电源一般安装在网络机柜的旁边，安装 220V（三孔）电源插座。如果是新建建筑，一般要求在土建施工过程时按照弱电施工图上标注的位置安装到位。

7）通信跳线架的安装。通信跳线架主要用于语音配线系统。一般采用 110 跳线架，主要是上级程控交换机过来的接线与到桌面终端的语音信息点连接线之间的连接和跳接部分，便于管理、维护、测试。

步骤 2：网络配线架的安装

网络配线架的安装要求如下：

1）在机柜内部安装配线架（见图 3-19）前，首先要进行设备位置规划或按照图纸规定确定位置，统一考虑机柜内部的跳线架、配线架、理线环、交换机等设备。同时考虑配线架与交换机之间跳线方便。

2）缆线采用地面出线方式时，一般缆线从机柜底部穿入机柜内部，配线架宜安装在机柜下部。采取桥架出线方式时，一般缆线从机柜顶部穿入机柜内部，配线架宜安装在机柜上部。缆线采取从机柜侧面穿入机柜内部时，配线架宜安装在机柜中部。

3）配线架应该安装在左右对应的孔中，水平误差不大于 2mm，更不允许左右孔错位安装。

图 3-19　配线架

网络配线架的安装步骤如下：

1）检查配线架和配件完整。

2）将配线架安装在机柜设计位置的立柱上。

3）理线。

4）端接打线。

5）做好标记，安装标签条。

步骤 3：交换机安装

交换机安装前，首先检查产品外包装是否完整，开箱检查产品（一般包括交换机、两个支架、4 个橡皮脚垫和 4 个螺钉、1 根电源线、1 个管理电缆），收集和保存配套资料，然后准备安装交换机。交换机的安装步骤如下：

1）从包装箱内取出交换机设备。

2）给交换机安装两个支架，安装时要注意支架方向。

3）将交换机放到机柜中提前设计好的位置，用螺钉固定到机柜立柱上。一般交换机上下要留一些空间，用于空气流通和设备散热。

4）将交换机外壳接地，将电源线拿出来插在交换机后面的电源接口。

5）完成上面几步操作后就可以打开交换机电源了，开启状态下查看交换机是否出现抖动现象，如果出现请检查脚垫高低或机柜上的固定螺钉的松紧情况。

交换机安装示意图如图 3-20。

小提示：拧这些螺钉时不要过紧，否则会让交换机倾斜；也不能过于松垮，否则交换机在运行时会不稳定，工作状态下设备会抖动。

项目

— 101 —

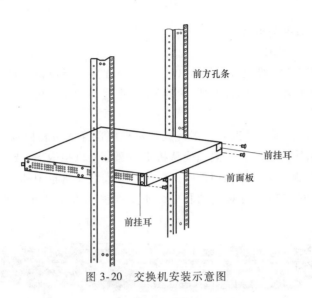

前方孔条

前挂耳

前面板

前挂耳

图 3-20 交换机安装示意图

子任务三 垂直子系统的设计及施工安装

任务实施

步骤 1：垂直子系统的设计

垂直子系统的线缆直接连接着几十或几百个用户，一旦干线电缆发生故障，则影响巨大，因此必须十分重视干线子系统的设计工作。

根据综合布线的标准及规范，应按下列设计要点进行垂直子系统的设计工作。

1. 确定干线线缆类型及线对

垂直子系统线缆主要有铜缆和光缆两种类型，具体选择要根据布线环境的限制和用户对综合布线系统设计的等级进行考虑。计算机网络系统的主干线缆可以选用四对双绞线电缆或25 对大对数电缆或光缆，电话语音系统的主干电缆可以选用三类大对数双绞线电缆，有线电视系统的主干电缆一般采用 75Ω 同轴电缆。主干电缆的线对要根据水平布线线缆对数以及应用系统类型来确定。垂直子系统所需要的电缆总对数和光纤总芯数应满足工程的实际需求，并留有适当的备份容量。主干缆线宜设置电缆与光缆，并互相作为备份路由。

2. 垂直子系统路径的选择

垂直子系统主干缆线应选择最短、最安全和最经济的路由。路由的选择要根据建筑物的结构以及建筑物内预留的电缆孔、电缆井等通道位置而决定。建筑物内有两大类型的通道：封闭型和开放型。宜选择带门的封闭型通道敷设干线线缆。开放型通道是指从建筑物的地下室到楼顶的一个开放空间，中间没有任何楼板隔开。封闭型通道是指一连串上下对齐的空间，每层楼都有一间，电缆竖井、电缆孔、管道电缆、电缆桥架等穿过这些房间的地板层。主干电缆宜采用点对点终接，也可采用分支递减终接。如果电话交换机和计算机主机设置在建筑物内不同的设备间，宜采用不同的主干缆线来分别满足语音和数据的需要。在同一层若干管理间（电信间）之间宜设置干线路由。

3. 线缆容量配置

主干电缆和光缆所需的容量要求及配置应符合以下规定：

1）对于语音业务，大对数主干电缆的对数应按每一个电话 8 位模块通用插座配置 1 对线，并在总需求线对的基础上至少预留约 10% 的备用线对。

2）对于数据业务，应以集线器（HUB）或交换机（SW）群（按 4 个 HUB 或 SW 组成 1 群）或以每个 HUB 或 SW 设备设置 1 个主干端口配置。每 1 群网络设备或每 4 个网络设备宜考虑 1 个备份端口。主干端口为电端口时，应按 4 对线容量；主干端口为光端口时，则按 2 芯光纤容量配置。

3）当工作区至电信间的水平光缆延伸至设备间的光配线设备（BD/CD）时，主干光缆的容量应包括所延伸的水平光缆光纤的容量在内。

4）建筑物与建筑群配线设备处各类设备缆线和跳线的配备宜符合如下规定。

① 设备缆线和各类跳线宜按计算机网络设备的使用端口容量和电话交换机的实装容量、业务的实际需求或信息点总数的比例进行配置，比例范围为 25%～50%。

② 各配线设备跳线可按以下原则选择与配置：a. 电话跳线宜按每根 1 对或 2 对对绞电缆容量配置，跳线两端连接插头采用 IDC 或 RJ-45 型。b. 数据跳线宜按每根 4 对对绞电缆配置，跳线两端连接插头采用 IDC 或 RJ-45 型。c. 光纤跳线宜按每根 1 芯或 2 芯光纤配置，光跳线连接器件采用 ST、SC 或 SFF 型。

4. 垂直子系统缆线敷设保护方式

1）缆线不得布放在电梯或供水、供气、供暖管道竖井中，缆线不应布放在强电竖井中。

2）电信间、设备间、进线间之间干线通道应沟通。

5. 垂直子系统干线线缆的交接

为了便于综合布线的路由管理，干线电缆、干线光缆布线的交接不应多于两次。从楼层配线架到建筑群配线架之间应只通过一个配线架，即建筑物配线架（在设备间内）。当综合布线只用一级干线布线进行配线时，放置干线配线架的二级交接间可以并入楼层配线间。

6. 垂直子系统干线线缆的端接

干线电缆可采用点对点端接，也可采用分支递减端接或电缆直接连接。点对点端接是最简单、最直接的接合方法。干线子系统每根干线电缆直接延伸到指定的楼层配线管理间或二级交接间。分支递减端接是用一根足以支持若干个楼层配线管理间或若干个二级交接间的通信容量的大容量干线电缆，经过电缆接头交接箱分出若干根小电缆，再分别延伸到每个二级交接间或每个楼层配线管理间，最后端接到目的地的连接硬件上。垂直干线子系统图如图 3-21 所示。

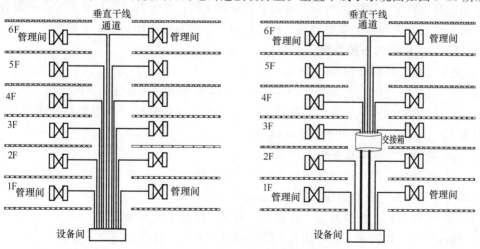

图 3-21　垂直干线子系统图

7. 确定干线子系统通道规模

垂直子系统是建筑物内的主干电缆。在大型建筑物内，通常使用的干线子系统是由一连串穿过配线间地板且垂直对准的通道组成的。确定干线子系统的通道规模主要就是确定干线通道和配线间的数目。确定的依据就是综合布线系统所要覆盖的可用楼层面积。如果给定楼层的所有信息插座都在配线间的 75m 范围之内，那么采用单干线接线系统。单干线接线系统就是采用一条垂直干线通道，每个楼层只设一个配线间。如果有部分信息插座超出配线间的 75m 范围之外，那就要采用双通道干线子系统，或者采用经分支电缆与设备间相连的二级交接间。

8. 垂直子系统缆线的绑扎

垂直子系统敷设缆线时，应对缆线进行绑扎。对绞电缆、光缆及其他信号电缆应根据缆线的类别、数量、缆径、缆线芯数分束绑扎。绑扎间距不宜大于 1.5m，间距应均匀，防止线缆应重量产生拉力造成缆线变形，不宜绑扎过紧或使缆线受到挤压。在绑扎缆线时，应该按照楼层进行分组绑扎。

步骤 2：垂直子系统缆线敷设方式

垂直干线是建筑物的主要线缆，它为从设备间到每层楼上的管理间之间传输信号提供通路。垂直子系统的布线方式有垂直型的，也有水平型的，这主要根据建筑的结构而定。大多数建筑物都是垂直向高空发展的，因此很多情况下会采用垂直型的布线方式。但是也有很多建筑物是横向发展的，如飞机场候机厅、工厂仓库等建筑，这时也会采用水平型的主干布线方式。因此主干线缆的布线路由既可能是垂直型的，也可能是水平型的，或是两者的综合。垂直干线布线如图 3-22 所示。

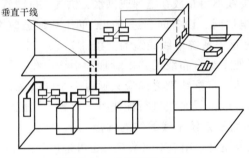

图 3-22　垂直干线布线

在新的建筑物中，通常利用竖井通道敷设垂直干线。在竖井中敷设垂直干线一般有两种方式：向下垂放电缆和向上牵引电缆。相比较而言，向下垂放比向上牵引容易。

1. 向下垂放线缆的一般步骤

1）把线缆卷轴放到最顶层。

2）在离房子的开口（孔洞处）3~4m 处安装线缆卷轴，并从卷轴顶部馈线。

3）在线缆卷轴处安排所需的布线施工人员（人数视卷轴尺寸及线缆质量而定），另外每层楼要有一个工人，以便引寻下垂的线缆。

4）旋转卷轴，将线缆从卷轴上拉出。

5）将拉出的线缆引导进竖井中的孔洞。在此之前，先在孔洞中安放一个塑料的套状保护物，以防止孔洞不光滑的边缘擦破线缆的外皮。

6）慢慢地从卷轴上放缆并进入孔洞向下垂放，注意速度不要过快。

7）继续放线，直到下一层布线人员将线缆引到下一个孔洞。

8）按前面的步骤继续慢慢地放线，并将线缆引入各层的孔洞，直至线缆到达指定楼层进入横向通道。

2. 向上牵引线缆的一般步骤

向上牵引线缆需要使用电动牵引绞车，其主要步骤如下：

1）按照线缆的质量，选定绞车型号，并按绞车制造厂家的说明书进行操作，先往绞车中穿一条绳子。

2）启动绞车，并往下垂放一条拉绳（确认该拉绳的强度能保护牵引线缆），直到安放线缆的底层。

3）如果缆上有一个拉眼，则将绳子连接到此拉眼上。

4）启动绞车，慢慢地将线缆通过各层的孔向上牵引。

5）缆的末端到达顶层时，停止绞车。

6）在地板孔边沿上用夹具将线缆固定。

7）当所有连接制作好之后，从绞车上释放线缆的末端。

知识拓展

在一次网络综合布线工程施工过程中，我们将一栋 5 层公寓楼的垂直布线所有的线缆绑扎在了一起，在测试时，发现有一层的线缆无法测通，经过排查发现是垂直子系统的布线出现了问题，需要重新布线。在换线的过程中无法抽动该层的线缆，又将所有绑扎的线缆逐层放开，才更换好。所以在施工过程中，垂直系统的绑扎要分层绑扎，并做好标记。同时值得注意的是，在许多束或捆线缆的场合，位于外围的线缆受到的压力比线束里面的大，压力过大会使缆内的扭绞线对变形，像上面所说的那样影响性能，主要表现为回波损耗成为主要的故障模式。回波损耗的影响能够累积下来，这样每一个过紧的系统带造成的影响都累加到总回波损耗上。当使用系缆带时，要注意系带时的力度，系缆带只要足以束住线缆就足够了。

任务三　综合布线系统的验收

任务描述

综合布线系统不仅要满足当今数据传输的要求，还要满足未来的应用需求。在布线工程中，布线工艺是否规范、采用的元器件的质量与性能是否达到要求、是否有效地防止了电磁干扰在很大程度上影响综合布线的质量，也就决定了未来的带宽是高速还是低速。因此施工完成以后，必须依据一定的标准与规范来保证网络的正常运行。本任务主要是对施工完的综合布线系统进行测试和验收。

任务分析

本任务首先要对综合布线配套器材进行检验（包括各种线缆、接地等），然后对设备的安装和线缆敷设以及保护方式进行验收，最后对整体综合布线工程进行全面的验收。

知识储备

综合布线系统工程的测试主要针对各个子系统（如水平布线子系统、垂直布线子系统等）中的物理链路进行质量检测。测试的对象有电缆和光缆。系统设备开通时部分用户会选择进行"信道测试"或者"跳线测试"。以上讨论或涉及的这些测试对象均可以在测试仪器中选定对应标准进行。

综合布线系统中使用的水平光纤以多模为主，骨干链路光纤则多模和单模均占一定比例。

任务实施

步骤 1：测试电缆跳线

永久链路作为质量验收的必测内容被广泛使用，信道的测试多数在开通应用的链路中会被使用。保证信道质量总能合乎要求，用户只要重点把握好跳线的质量就可以了。因为只要跳线质量合格，那么合格的永久链路加上合格的跳线就能保证由此构成的信道合格。为此，需要对准备投入使用的跳线进行质量检测，有时候这种测试还是以批量的方式进行的，这都需要使用专门的跳线测试适配器。

跳线适配器的外观与信道适配器很相像，但上面安装的测试插座是 TIA 标准委员会指定的"SMP 插座"。测试标准在"Setup"菜单中选定"Patch Cord（跳线）"后，还要选定对应的跳线等级（如 Cat5、Cat6 等）和跳线长度。跳线的长度从 0.5 ~ 20m，要与被测试的跳线长度对应，否则测试的结果不准确。

测试结果的存取方式与永久链路和信道的存取方式相同。

步骤 2：测试光纤

光纤的现场工程测试分一级测试（tier 1）和二级测试（tier 2）。一级测试是用光源和光功率计测试光纤的衰减值，并依据标准判断是否合格，附带测试光纤的长度；二级测试是"通用型"测试和"应用型"测试。通用型测试主要就是测试光纤的衰减值和长度是否符合标准规定的要求，判断安装的光纤链路是否合格。在仪器中先选择某个测试标准，然后安装光纤测试模块后即可进行测试。测试结果存入仪器中或稍后用软件导入计算机中进行保存和处理。仪器会根据选择的标准自动进行判定是否合格。

步骤 3：测试综合布线的接地

综合布线系统的接地主要是机架接地和屏蔽电缆接地。机架接地和一般的弱电设备接地方式和接地电阻要求是相同的，一般使用接地电阻测试仪进行测试。屏蔽电缆的接地端一般与机架或者机架接地端相连，对于屏蔽层的直流连通性测试，标准当中没有数值要求，只要求连通即可。测试方法：在电缆认证测试仪设置菜单中选择测试电缆类型为 FTP，即可在测试电缆参数的同时自动增加对屏蔽层连通性的测试，结果自动合并保留在参数测试报告中。

步骤 4：测试含防雷器的电缆链路

为了防止服务器和交换机端口不被雷击感应电压和浪涌电压损坏，可以在电缆连路中串入防雷器。串入的位置一般在被保护的端口附近，如服务器一般安装在网卡前，交换机端口则安装在端口前端，防雷器的接地与机架接地或者服务器接地相连。由于防雷器的串入会增加通道链路中的连接点数量，导致电缆链路结构参数（主要是近端串扰 NEXT 和回波损耗

Return Loss）的改变，所以通常会降低链路的质量。对于本身连接点（如模块）数量少且比较短的链路，由于连接参数本身余量大，因此接入防雷器的影响会小一些。

接入防雷器的链路一般按照通道模式进行测试，多数防雷器产品设计成"跳线"形状。某些特殊的防雷器是按照固定安装模式接入链路的，这种防雷器则可以纳入永久链路的测试模式。建议用户先对无防雷器的链路进行测试，然后再对加装防雷器后的链路进行测试，测试参数合并或并列到验收测试报告中。

知识拓展

综合布线时为什么要重视综合串扰、平衡性和回波损耗？

在进行综合布线系统测试时，应注意综合串扰、平衡性和回波损耗问题。综合串扰是指一对以上线缆同时传输时，各线对间串扰的和。平衡性是指电缆和连接件的平衡性。平衡性类似于阻抗，它的好坏是衡量电磁兼容性（EMC）的重要参数。一般采用纵向变换损耗（LCL）和纵向转移损耗（LCTL）两个参数来定义其平衡性。回波损耗（SRL）是衡量链路全程结构是否一致的重要参数。它主要是由于链路中阻抗不均匀性引起的，通常发生在接头和插座处。

※项目评价※

项目评价见表 3-7。

表 3-7　项目评价

评价要素	知识点（技能点）	评价标准
局域网综合布线	综合布线工具的使用与配线端接线	能够了解网络传输介质的概念、网络材料及网络布线工具的使用；了解网络机柜设备、网络配线架、网络面板及网络模块的安装，跳线的制作，网络配线端接测试等
	子系统的设计与施工安装	掌握水平子系统、管理间子系统、垂直子系统的设计及施工安装
	综合布线系统的验收	能够掌握局域网综合布线工程的验收规范及验收检验方法

※拓展练习※

非屏蔽双绞线的制作与连接

1. 实训目的

1）掌握非屏蔽双绞线与 RJ-45 接头的连接方法。

2）了解 T568A 和 T568B 标准线序的排列顺序。

3）掌握非屏蔽双绞线的直通线和交叉线制作，了解它们的区别和使用环境。

4）掌握线缆测试的方法。

2. 实训内容

1）在非屏蔽双绞线压制 RJ-45 插头。

2）制作非屏蔽双绞线的直通线与交叉线，并测试连通性。

3）试用直通线连接 PC 和交换机，试用交叉线连接 PC 和 PC。

3. 实训步骤

1）制作直通双绞线并测试。

2）制作交叉双绞线并测试。

3）对实训的简单总结。

4. 实训思考题

1）思考直通双绞线和交叉双绞线的使用场合。

2）双绞线中每根纤芯的用途。在百兆以太网中，双绞线使用哪几条？

3）双绞线的布线标准。

※项目小结※

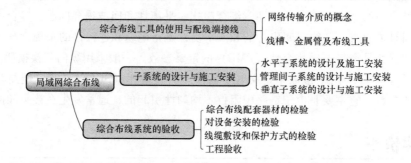

学习单元四
搭建局域网网络环境

※ 单元概述 ※

　　随着时代的发展与网络技术的不断进步，不同规模的局域网出现在人们日常的生活和工作环境之中。对个人来说，组建局域网的目的就是实现资源共享，构建个人娱乐平台；对企业来说，通过组建局域网，能够实现统一化的管理，加快产品的研发进程，从而满足企业内部的交流和互动。利用局域网实现共享上网，在节省网费的同时也提高了资源利用率。

项目一
组建、配置与调试小型对等网

※项目描述※

本项目主要介绍了对等网的组建、配置、调试，以及对等网组建后的网络应用及资源共享的方法。

※项目分析※

本项目首先对对等网的概念、结构以及 IP 地址的相关知识进行了介绍，然后对网络中的计算机进行物理连接并安装网卡驱动，同时设置 IP 地址，最终组建配置好小型对等网；接着通过命令对网络进行调试，保证其连通性；最后通过在操作系统中进行设置，完成对等网的资源共享，如图 4-1 所示。

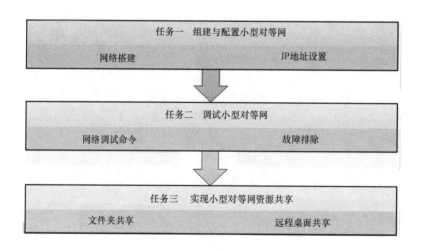

图 4-1　组建、配置与调试小型对等网的步骤

※项目准备※

1. 传输介质——双绞线。
2. 两台已经安装好 Windows 7 操作系统的计算机。

任务一　组建与配置小型对等网

任务描述

本任务主要是完成小型对等网的组建与配置。通过完成任务理解对等网的概念和结构，掌握 IP 地址的概念和分类，学会双机互联对等网的方法，学会在 Windows 7 操作系统上安装网卡、设置计算机名称、工作组和 IP 地址。

任务分析

本任务首先要理解对等网和 IP 地址的相关知识，其次对网络中的计算机进行物理连接，然后在 Windows 7 系统中安装网卡驱动，最后在计算机上设置正确的计算机名称、IP 地址和子网掩码，如图 4-2 所示。

图 4-2　组建与配置小型对等网所涉及的内容

知识储备

一、对等网

1. 对等网的定义

"对等网"又称为"工作组网"，在对等网络中，计算机的数量通常不会超过 20 台，适用于家庭或小型办公室的几台或十几台计算机互联。在对等网络中，对等网上各台计算机有相同的功能，无主从之分。对等网除了共享文件之外，还可以共享打印机，对等网上的打印机可被网络上的任一计算机使用，如同使用本地打印机一样方便。对等网不需要专门的服务器来做网络支持，也不需要其他组件来提高网络的性能，因而对等网络的价格相对要便宜很多。

2. 对等网的网络结构

现在流行的网络布线拓扑结构是总线型和星形。总线型网络是将所有计算机连接在一条线上，使用双绞线连接，只适合使用在计算机不多的对等网上，如图 4-3 所示。因为网络中的一段出了问题，其他计算机也无法接通，会导致整个网络瘫痪。

星形网络使用双绞线连接，结构上以集线器（HUB）为中心，呈放射状态连接各台计算机，如图 4-4 所示。由于 HUB 上有许多指示灯，遇到故障时很容易发现出故障的计算机，而且一台计算机或线路出现问题丝毫不影响其他计算机，大大增强了网络系统的可靠性。如果要增加一台计算机，只需连接到

图 4-3　总线型网络

HUB 上就可以，方便扩充网络，适用于 3 台计算机以上的对等网。

二、IP 地址的概念

IP 地址就是给每个连接在 Internet 上的主机分配的一个 32 位（bit）地址。按照 TCP/IP 的规定，IP 地址用二进制来表示，每个 IP 地址长 32 位（bit）（即 4 个字节）。例如，一个采用二进制形式的 IP 地址是 "11000000 10101000 00000100 00001111"，不太容易记忆和处理，为了方便人们记忆，将组成计算机的 IP 地址分成 4 段，每段 8 位，

图 4-4　星形网络

中间使用符号 "." 分开不同的字节，然后将每八位二进制数转换成十进制数，于是上面的 IP 地址可以表示为 "192.168.4.15"。IP 地址的这种表示法叫作 "点分十进制表示法"。

三、IP 地址的分类

计算机的 IP 地址分成两部分，一部分用以标明具体的网络段，即网络标识；另一部分用以标明具体的节点，即主机标识，也就是说某个网络中的特定的计算机号码。同一个物理网络上的所有主机都用同一个网络标识。例如，某网络中心的服务器的 IP 地址为 220.53.122.5，对于该 IP 地址，可以把它分成网络标识和主机标识两部分：网络标识为 220.53.122.0，主机标识为 5 。网络号的位数直接决定了可以分配的网络数（计算方法为 $2^{网络号位数}-2$）；主机号的位数则决定了网络中最大的主机数（计算方法为 $2^{主机号}-2$）。

Internet 委员会定义了 5 种 IP 地址类型以适合不同容量的网络，即 A、B、C、D、E 类。其中 A，B，C 三类最为常用，D、E 类为特殊地址。

1. A 类地址

A 类 IP 地址由 1 字节的网络地址和 3 字节主机地址组成，网络地址的最高位必须是 "0"。A 类 IP 地址中网络的标识长度为 8 位。主机标识的长度为 24 位。A 类网络地址数量较少，可以用于主机数较多的大型网络，地址范围为 1.0.0.0~126.255.255.255。

2. B 类地址

B 类 IP 地址由 2 字节的网络地址和 2 字节主机地址组成，网络地址的最高位必须是 "10"。B 类 IP 地址中网络的标识长度为 16 位，主机标识的长度为 16 位。B 类网络地址适用于中等规模的网络，地址范围为 128.0.0.0~191.255.255.255。

3. C 类地址

C 类 IP 地址由 3 字节的网络地址和 1 字节主机地址组成，网络地址的最高位必须是 "110"。C 类 IP 地址中网络的标识长度为 24 位，主机标识的长度为 8 位。C 类网络地址数量较多，适用于小规模的局域网络，地址范围为 192.0.0.0~223.255.255.255。

4. D 类地址

D 类 IP 地址第一个字节以 "1110" 开始，它是一个专门保留的地址。它并不指向特定的网络，目前这一类地址被用在多点广播中。多点广播地址用来一次寻址一组计算机。D 类地址的范围为 224.0.0.0~239.255.255.255。

5. E 类地址

E 类地址：以"11110"开始，为将来使用保留，地址范围为 240. 0. 0. 0~254. 255. 255. 255。

6. 一些特殊地址

1）全 0 地址 0. 0. 0. 0：对应于当前主机。

2）全"1"的地址 255. 255. 255. 255：是当前子网的广播地址。

3）127. 0. 0. 1：本机地址，主要用于测试。

4）私有 IP 地址：

10. 0. 0. 1~10. 255. 255. 254（A 类）。

172. 13. 0. 1~172. 32. 255. 254（B 类）。

192. 168. 0. 1~192. 168. 255. 254（C 类）。

私有地址可以用于自己组网使用，这些地址主要用于企业内部网络中，但不能够在 Internet 网上使用。Internet 网没有这些地址的路由，使用这三个网段的计算机要上网必须要通过地址翻译（NAT），将私有地址翻译成公用合法的 IP 地址。

IP 地址的分类如图 4-5 所示。

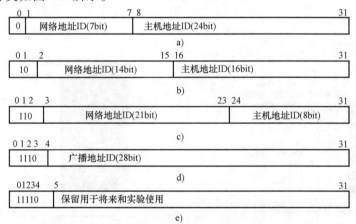

图 4-5　IP 地址的分类

a）A 类地址　b）B 类地址　c）C 类地址　d）D 类地址　e）E 类地址

常用的三类 IP 地址中可以容纳的网络数和主机数见表 4-1。

表 4-1　常用的三类 IP 地址中可以容纳的网络数和主机数

网络类别	最大网络数	第一个可用的网络号	最后一个可用的网络号	每个网络中的最大主机数
A	126	1	126	16777214
B	16384	128. 0	191. 255	65534
C	209715	192. 0. 0	223. 225. 250	254

四、子网掩码

1. 子网编址

子网是指在一个 IP 地址上生成的逻辑网络。IP 地址结构变成如下三层结构：

网络地址部分	子网地址部分	主机地址部分

---

2. 子网掩码

子网掩码是一个 32 位地址，它用于屏蔽 IP 地址的一部分以区别网络 ID 和主机 ID，用来将网络分割为多个子网，判断目的主机的 IP 地址是在本局域网或是在远程网。

任务实施

步骤 1：构建对等网的拓扑图。

对等网的拓扑图如图 4-6 所示。

步骤 2：安装计算机网卡驱动

通过 Setup. exe 安装程序安装网卡驱动，这种安装方式比较简单。下面主要以安装 Intel 5100 无线网卡驱动为例，详细介绍具体的安装方法。

1）找到无线网卡安装文件夹下的 Autoexec. exe（有线网卡一般都执行 Setup. exe），双击即可，如图 4-7 所示。

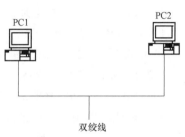

图 4-6　对等网的拓扑图

2）单击"下一步"按钮，会弹出安装进度条，等待一分钟左右单击"完成"按钮即可，如图 4-8 所示。

图 4-7　安装无线网卡驱动软件

图 4-8　完成安装

步骤 3：按照拓扑图连接网络

把制作好的双绞线一端插入一台计算机网线接口（见图 4-9），另一端插入另一台计算机的网线接口，插入后听到"叭"的声音即可（见图 4-10）。

图 4-9　插入网线接口 1

图 4-10　插入网线接口 2

步骤 4：设置第一台计算机的计算机名称和工作组

1）用鼠标右键单击"计算机"图标，从弹出的快捷菜单中单击"属性"命令，然后在弹出的窗口中找到"计算机名称、域和工作组设置"，单击"更改设置"，如图 4-11 所示。

2）在弹出的"系统属性"对话框中单击"更改"按钮，如图 4-12 所示。在弹出的对话框中，输入"计算机名"为"PC1"、"工作组"为"WORKGROUP"，如图 4-13 所示。

图 4-11　单击"更改设置"

图 4-12　"系统属性"对话框

图 4-13　"计算机名/域更改"对话框

小提示： 这些设置需要重新启动计算机才能生效。

步骤 5：设置第一台计算机的 IP 地址

1）用鼠标右键单击"网络"图标，从弹出的快捷菜单中单击"属性"命令。然后在弹出的窗口中单击左侧的"更改适配器设置"，如图 4-14 所示。

2）在打开的窗口中，用鼠标右键单击"本地连接"图标，从弹出的快捷菜单中单击"属性"命令，如图 4-15 所示。在弹出的对话框的下拉列表中选择"Internet 协议版本 4（TCP/IPv4）"选项，单击"属性"按钮，如图 4-16 所示。

图 4-14　单击"更改适配器设置"

3）在弹出的对话框中选中"使用下面的 IP 地址"单选按钮，输入"IP 地址"为"192.168.0.1"、"子网掩码"为"255.255.255.0"，如图 4-17 所示。

图 4-15　单击"本地连接"

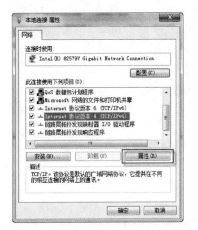

图 4-16　"本地连接属性"对话框

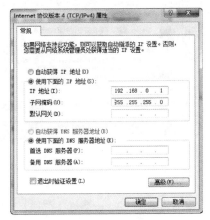

图 4-17　IP 设置

> **小提示**：根据 IP 地址的相关知识，针对不同的网络类型选择相应的 IP 地址类型。由于组建的是小型对等网，因此选择 C 类地址，同时子网掩码也相应地选择 255.255.255.0。

步骤 6：设置第二台计算机的计算机名称和工作组

修改"计算机名"为"PC2"，"工作组"为"WORKGROUP"（两台计算机的工作组名称必须相同，这样才能保证网络通畅）。

步骤 7：设置第二台计算机的 IP 地址

设置"IP 地址"为"192.168.0.2"、"子网掩码"为"255.255.255.0"。

知识拓展

一、组建多机对等网

大于等于三台机器的对等网组建方式一般有以下两种：采用集线设备（集线器或交换机）组成星形网络，用同轴电缆直接串连。

二、IPv4 协议

IPv4 是互联网协议（Internet Protocol，IP）的第 4 版，也是第一个被广泛使用、构成现今互联网技术基础的协议。IPv4 中规定 IP 地址长度为 32（按 TCP/IP 参考模型划分），即有 $2^{32}-1$ 个地址。它的最大问题是网络地址资源有限。

三、IPv6 协议

IPv6 是 IETF（Internet Engineering Task Force，互联网工程任务组）设计的用于替代现行版本 IP（IPv4）的下一代 IP。IPv6 采用了长度为 128 位的 IP 地址。

IPv6 与 IPv4 相比有以下优点：

1）IPv6 具有更大的地址空间。IPv4 中规定 IP 地址长度为 32，最大地址个数为 2^{32}；而 IPv6 中 IP 地址的长度为 128，即最大地址个数为 2^{128}。与 32 位地址空间相比，其地址空间增加了 $2^{128}-2^{32}$ 个。

2）更小的路由表。IPv6 的地址分配一开始就遵循聚类的原则，这使得路由器能在路由表中用一条记录表示一片子网，大大减小了路由器中路由表的长度，提高了路由器转发数据包的速度。

3）IPv6 增加了增强的组播支持以及对流的控制，这使得网络上的多媒体应用有了长足发展的机会，为服务质量控制提供了良好的网络平台。

4）IPv6 具有更高的安全性。在使用 IPv6 网络时，用户可以对网络层的数据进行加密并对 IP 报文进行校验，在 IPV6 中的加密与鉴别选项提供了分组的保密性与完整性，极大地增强了网络的安全性。

5）允许扩充。如果新的技术或应用需要，IPV6 允许协议进行扩充。

任务小结

本任务主要是完成了小型对等网的组建和软件配置。首先是利用双绞线按照网络拓扑结构进行物理连接，然后在 Windows 7 系统上安装网卡驱动，设置计算机名称、工作组和 IP 地址，从而构建一个简单的双机对等网。在完成任务的过程中，要注意两台计算机是否处在相同的工作组中，并且 IP 地址和相应的子网掩码是否设置正确，这样才能保证网络的通畅。希望通过此任务的学习，能够加强动手能力，同时真正理解小型对等网的结构以及 IP 地址的分类等理论知识。

任务二　调试小型对等网

任务描述

完成对等网的组建后，网络实际是否真正连通的，需要通过一些网络测试命令来进行测试，这就是本任务要学习的重点。通过本任务能掌握 ping 命令基本的使用方法，掌握 ipconfig 命令的使用方法，了解网络故障排除的基本方法。

任务分析

本任务首先需要通过 cmd 命令打开 DOS 控制台界面，然后用 ipconfig/all 命令确认计算机 IP 地址，接着使用 ping 命令来测试对等网是否连通，最后如果出现问题检查双绞线、端口、IP 地址的配置以及防火墙来进行故障排除，如图 4-18 所示。

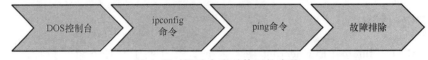

图 4-18　调试小型对等网的步骤

知识储备

网络测试命令：

在网络不通时，了解和掌握下面几个命令将会有助于更快地检测到网络故障所在，从而节省时间，提高效率。

1. ping 命令

ping 是测试网络连接状况以及信息包发送和接收状况非常有用的工具，是网络测试最常用的命令。ping 向目标主机地址发送一个请求数据包，要求目标主机地址收到请求后给予答复，从网络的响应时间来查看本机是否与目标主机地址连通。

（1）命令格式

ping IP 地址或主机名 [-t] [-a] [-n count] [-l size]

（2）参数含义

-t：不停地向目标主机发送数据。

-a：以 IP 地址格式来显示目标主机的网络地址。

-n count：指定要 ping 多少次，具体次数由 count 来指定。

-l size：指定发送到目标主机的数据包的大小。

例如，若要访问一个站点 www.sohu.com（或 IP 地址）时，就可以利用 ping 命令来测试与 www.sohu.com 是否能够连通。连通时的情况，如图 4-19 所示；无法连通时，如图 4-20 所示。

图 4-19　连通时

2. ipconfig 命令

ipconfig 是调试计算机网络的常用命令，通常使用它显示计算机中网络适配器的 IP 地址、子网掩码及默认网关。

（1）命令格式

ipconfig[/? | /all | /renew[adapter] | /release[adapter] | /flushdns | /displaydns | /regis-

图 4-20　无法连通时

terdns | /showclassid adapter | /setclassid adapter [classid]]

（2）常用参数含义

1）/all：显示所有网络适配器（网卡、拨号连接等）的完整 TCP/IP 配置信息。

2）/batch 文件名：将 ipconfig 所显示的信息以文本方式写入指定文件。该参数可用来备份本机的网络配置。

任务实施

步骤 1：成功进入 DOS 控制台界面

重新启动两台计算机，进入 Windows 系统，在图 4-21 所示的文本框中输入"cmd"，则可以打开 DOS 控制台，如图 4-22 所示。

图 4-21　在文本框中输入"cmd"　　　　图 4-22　打开 DOS 控制台

步骤 2：确认计算机 IP 地址

在已经打开的 DOS 控制台下输入"ipconfig/all"（见图 4-23），在显示的信息中，确认

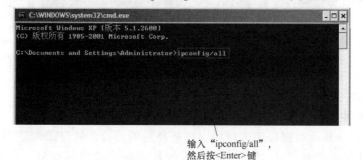

输入"ipconfig/all"，
然后按<Enter>键

图 4-23　输入"ipconfig/all"

— 119 —

本台计算机和任务二要求设置的 IP 地址一致，如图 4-24 所示。

步骤 3：使用 ping 命令来测试对等网是否连通

> **小提示**：在测试过程中，需要关闭各种软件防火墙，防火墙会对测试命令起到屏蔽的作用，所以需要特别注意。

1）在计算机 1 的 DOS 控制台中输入"ping 192.168.1.2"，显示与计算机 2 连通，如图 4-25 所示。

2）在计算机 2 的 DOS 控制台中输入"ping 192.168.1.1"，显示与计算机 1 连通，如图 4-26 所示。两台计算机互相能 ping 通，则说明对等网是连通的。

图 4-24　确认信息是否一致

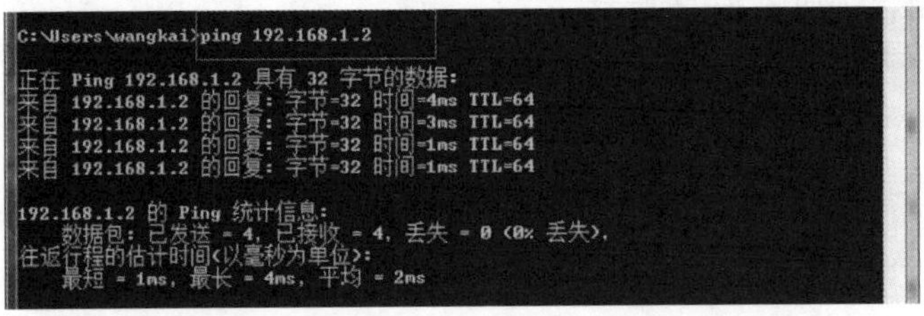

步骤 4：故障排除

如果在步骤 3 中出现了问题，则需要进入步骤 4 来检查故障并改正，重新进入步骤 3 对网络进行测试，如图 4-27 所示。

图 4-25　显示与计算机 2 连通

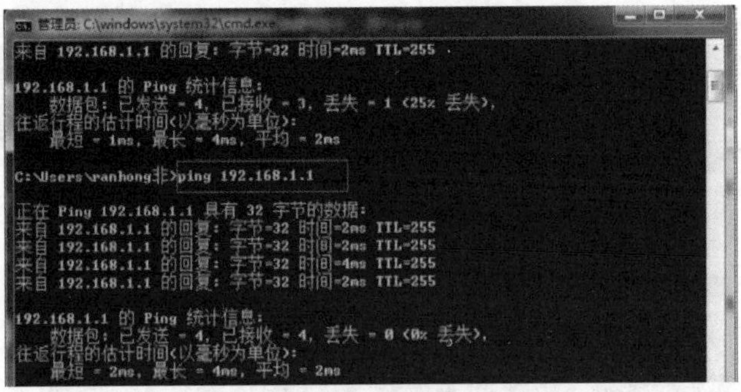

图 4-26　显示与计算机 1 连通

知识拓展

常用网络测试命令：

1. tracert 命令

tracert 命令用来显示数据包到达目标主机所经过的路径，并显示到达每个节点的时间。该命令的功能同 ping 类似，但它所获得的信息要比 ping 命令详细得多。它把数据包所走的全部路径、节点的 IP 以及花费的时间都显示出来。该命令比较适用于大型网络。

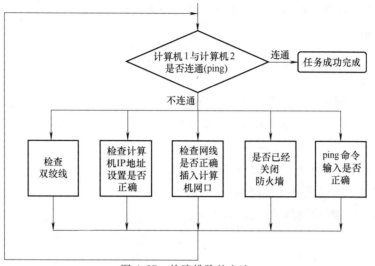

图 4-27　故障排除的方法

（1）命令格式

tracert IP 地址或主机名 [-d][-h maximumhops][-j host_ list] [-w timeout]

（2）参数含义

1）-d：不解析目标主机的名字。

2）-h maximum_ hops：指定搜索到目标地址的最大跳跃数。

3）-j host_ list：按照主机列表中的地址释放源路由。

4）-w timeout：指定超时时间间隔，程序默认的时间单位是毫秒。

如果想知道与目标主机 192.168.1.1 之间详细的传输路径信息，则可以在 DOS 命令行方式输入 tracert 192.168.1.1。

在 tracert 命令后面加上一些参数，还可以检测到其他更详细的信息。

2. netstat 命令

netstat 命令可以显示当前正在活动的网络连接的详细信息（如显示网络连接、路由表和网络接口信息），可以统计目前有哪些网络连接正在运行。

利用命令参数可以显示所有协议的使用状态，可以选择特定的协议并查看其具体信息，还能显示所有主机的端口号以及当前主机的详细路由信息。

（1）命令格式

netstat [-r] [-s] [-n] [-a]

（2）参数含义

1）-r：显示本机路由表的内容。

2）-s：显示每个协议的使用状态（包括 TCP、UDP、IP）。

3）-n：以数字表格形式显示地址和端口。

4）-a：显示所有主机的端口号。

3. winipcfg 命令

winipcfg 命令以窗口的形式显示 IP 的具体配置信息，可以显示网络适配器的物理地址、主机的 IP 地址、子网掩码以及默认网关等，还可以查看主机名、DNS 服务器、节点类型等相关信息。其中，网络适配器的物理地址在检测网络错误时非常有用。

（1）命令格式

winipcfg［/?］［/all］

（2）参数含义

1）/all：显示所有的有关 IP 地址的配置信息。

2）/batch［file］：将命令结果写入指定文件。

3）/renew_ all：重试所有网络。

4）/release_ all：释放所有网络适配器。

5）/renew N：复位网络适配器 N。

6）/release N：释放网络适配器 N。

任务小结

本任务主要是对已组建好的对等网进行网络调试，通过网络调试命令（ping 和 ipconfig 命令）来了解网络的连通情况，并且会运用之前学习过的知识排除网络故障。

任务三　实现小型对等网资源共享

任务描述

本任务主要是掌握设置文件夹共享的方法，实现小型对等网的资源共享，达到文件互传的目的。掌握设置远程桌面共享的方法，实现小型对等网桌面的资料共享，这里不仅局限于文件的共享，而且可以通过桌面共享来远程控制另一台计算机。在知识拓展环节还可以学习到打印共享方面的知识，实现多台计算机共享一台打印机。

任务分析

本任务首先要更改 Windows 7 的相关设置（包括共享、安全权限、防火墙等），然后设置远程桌面共享（包括远程计算机和本地计算机），接着设置共享打印机，以便实现远程打印的功能，最后进行高级共享和工作组的设置，从而实现小型对等网资源共享的目的，如图4-28 所示。

图 4-28　实现小型对等网资源共享的步骤

知识储备

共享文件夹是指某个计算机用来和其他计算机间相互分享的文件夹。远程桌面共享允许用户从局域网或广域网通过 TCP/IP 来访问提供远程桌面共享服务的计算机,用户远程登录计算机就如同自己的计算机一样,使用的界面与远程计算机相同,最终达到资源共享的目的。

任务实施

一、文件夹共享

步骤 1:更改 Windows 7 的相关设置

1)单击"控制面板"→"网络和 Internet"→"网络和共享中心"→"更改高级共享设置",如图 4-29 所示。

2)选中"启用网络发现""启用文件和打印机共享""启用共享以便可以访问网络的用户可以读取和写入公用文件夹中的文件""关闭密码保护共享"和"允许Windows 管理家庭组连接(推荐)"单选按钮,如图 4-30 所示。

图 4-29　更改高级共享设置

图 4-30　允许 Windows 管理家庭组连接(推荐)

步骤 2:设置共享对象

— 123 —

1）选择需要设置共享的文件夹，用鼠标右键单击该文件夹，在弹出的快捷菜单中单击"属性"命令，如图 4-31 所示。

2）在弹出的对话框中选择"共享"选项卡，单击"高级共享"按钮，如图 4-32 所示。

图 4-31 单击"属性"命令

图 4-32 单击"高级共享"按钮

3）在弹出的对话框中选中"共享此文件夹"复选框，单击"确定"按钮，如图 4-33 所示。

步骤 3：设置共享文件夹的安全权限

1）选择共享文件夹，用鼠标右键单击该文件夹，在弹出的快捷菜单中单击"属性"命令，在弹出的对话框中选择"安全"选项卡，单击"编辑"按钮，如图 4-34 所示。

2）在弹出的对话框中单击"添加"按钮，如图 4-35 所示。

3）在弹出的对话框的"输入对象名称来选择"文本框中输入"Everyone"，单击"检查名称"按钮进行

图 4-33 选中"共享此文件夹"复选框

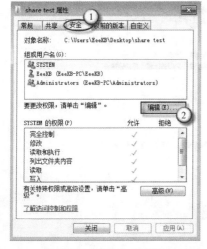

图 4-34 "安全"选项卡

图 4-35 单击"添加"按钮

名称检查，然后单击"确定"按钮退出，如图4-36所示。

4）选中"Everyone"，在权限选择栏内选中将要赋予"Everyone"的相应权限，如图4-37所示。

图4-36　"选择用户或组"对话框

图4-37　share test 的权限

步骤4：防火墙设置

单击"控制面板"→"系统和安全"→"Windows 防火墙"，检查防火墙设置，确保"文件和打印机共享"是选中的状态，如图4-38所示。

步骤5：查看共享文件夹

单击"控制面板"→"网络和 Internet"，查看网络中的相应计算机和设备，如图4-39所示。

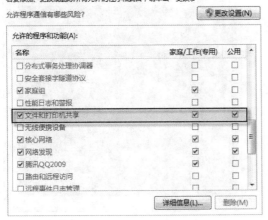

图4-38　Windows 防火墙

图4-39　网络和 Internet

二、远程桌面共享

步骤1：设置远程计算机

1）用鼠标右键单击"计算机"，在弹出的快捷菜单中单击"属性"命令，在打开的"系统"窗口中单击"远程设置"链接，在弹出的"系统属性"对话框中选择"远程"选项卡，选中"允许运行任意版本远程桌面的计算机连接（较不安全）"，如图 4-40 所示。

2）单击"控制面板"→"用户账户和家庭安全"，单击"更改 Windows 密码"链接，给用来登录远程桌面的账户设置密码，如图 4-41 所示。

图 4-40 "系统属性"对话框

图 4-41 用户账户和家庭安全

步骤 2：本地机连接远程桌面

1）单击"开始"→"所有程序"→"附件"→"远程桌面连接"，在弹出的"远程桌面连接"窗口的"计算机"文本框中输入计算机名后，单击"连接"按钮，如图 4-42 所示。

2）已连接成功的远程桌面，如图 4-43 所示。

图 4-42 远程桌面连接

图 4-43 连接成功的远程桌面

知识拓展

设置打印机共享

1. 取消禁用 Guest 用户

1）单击"开始""计算机""管理"，如图 4-44 所示。在弹出的"计算机管理"窗口中选择"Guest",如图 4-45 所示。

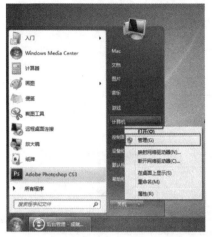

图 4-44 单击"管理"命令

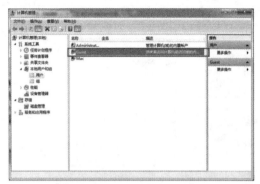

图 4-45 "计算机管理"管口

2）双击"Guest",在弹出的"Guest 属性"对话框中选中"账户已禁用"复选框,如图 4-46 所示。

2. 设置共享目标打印机

1）单击"开始"→"设备和打印机",如图 4-47 所示。

2）在弹出的窗口中找到想共享的打印机（前提是打印机已正确连接,驱动已正确安装）,在该打印机上单击鼠标右键,在弹出的快捷菜单中单击"打印机属性"命令,如图 4-48所示。

图 4-46 "Guest 属性"对话框

图 4-47 单击"设备和打印机"

3）在弹出的"Canon 属性"对话框中选择"共享"选项卡,选中"共享这台打印机"复选框,并且设置一个共享名（请记住该共享名,后面的设置可能会用到）,如图 4-49所示。

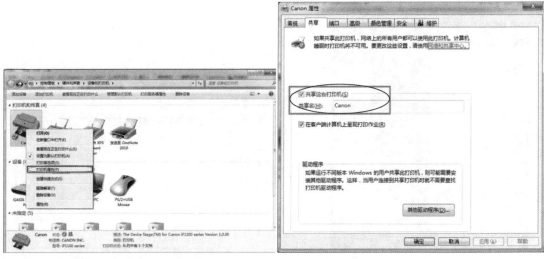

图 4-48 单击"打印机属性"　　　　　　图 4-49 "Canon 属性"对话框

3. 高级共享设置

1）在网络连接图标上单击鼠标右键，在弹出的快捷菜单中单击"打开网络和共享中心"，如图 4-50 所示。

2）记住所处的网络类型，接着在弹出的窗口中单击"选择家庭组和共享选项"，如图 4-51 所示，再单击"更改高级共享设置"。

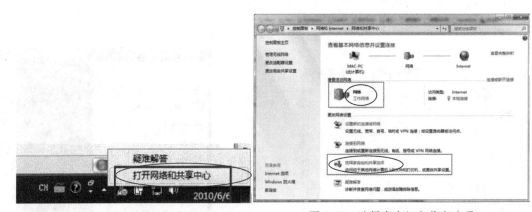

图 4-50 打开网络和共享中心　　　　　图 4-51 选择家庭组和共享选项

3）如果是家庭或工作网络，"更改高级共享设置"的具体设置，如图 4-52 所示，设置完成后不要忘记保存修改，如图 4-53 所示。

4）如果是公共网络，具体设置和上面的情况类似，但相应地应该设置"公用"下面的选项，而不是"家庭或工作"，如图 4-54 所示。

4. 设置工作组

在添加目标打印机之前，首先要确定局域网内的计算机是否都处于一个工作组，具体过程如下：

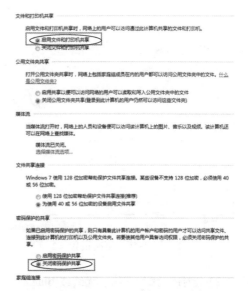

文件和打印机共享

启用文件和打印机共享时，网络上的用户可以访问通过此计算机共享的文件和打印机。

○ 启用文件和打印机共享
○ 关闭文件和打印机共享

公用文件夹共享

打开公用文件夹共享时，网络上包括家庭组成员在内的用户都可以访问公用文件夹中的文件。什么是公用文件夹？

○ 启用共享以便可以访问网络的用户都可以读取和写入公用文件夹中的文件
○ 关闭公用文件夹共享（登录到此计算机的用户仍然可以访问这些文件夹）

媒体流

当媒体流打开时，网络上的人员和设备便可以访问该计算机上的图片、音乐以及视频。该计算机还可以在网络上查找媒体。

媒体流已关闭。
选择媒体流选项...

文件共享连接

Windows 7 使用 128 位加密帮助保护文件共享连接。某些设备不支持 128 位加密，必须使用 40 或 56 位加密。

○ 使用 128 位加密帮助保护文件共享连接（推荐）
○ 为使用 40 或 56 位加密的设备启用文件共享

密码保护的共享

如果已启用密码保护的共享，则只有具备此计算机的用户帐户和密码的用户才可以访问共享文件、连接到此计算机的打印机以及公用文件夹。若要使其他用户具有访问权限，必须关闭密码保护的共享。

○ 启用密码保护共享
○ 关闭密码保护共享

家庭组连接

图 4-53　密码保护共享

图 4-52　更改高级共享设置

1）单击"开始"→"计算机"，在计算机上单击鼠标右键，在弹出的快捷菜单中单击"属性"命令，如图 4-55 所示。

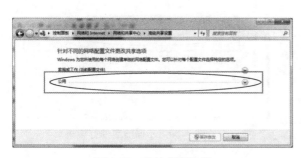

图 4-54　高级共享设置

图 4-55　单击"属性"

2）在弹出的窗口中找到工作组，如果计算机的工作组设置不一致，则单击"更改设置"，如图 4-56 所示。

> **小提示**：如果处于不同的工作组，则可以在图 4-57 所示的对话框中进行设置。该设置要在重启后才能生效，所以在设置完成后不要忘记重启一下计算机，使设置生效。

5. 在其他计算机上添加目标打印机

1）先进入"控制面板"，打开"设备和打印机"窗口，并单击"添加打印机"，如图 4-58 所示。

图 4-56　更改设置

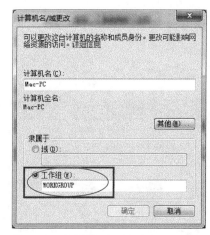

图 4-57　"计算机名/域更改"对话框

2）选择"添加网络、无线或 Bluetooth 打印机"，单击"下一步"按钮，如图 4-59 所示。

3）单击"下一步"之后，系统会自动搜索可用的打印机。如果前面的设置都正确，那么只要耐心等待，一般系统都能找到，接下来只需跟着提示一步步操作就行了。

图 4-58　添加打印机

图 4-59　不同类型的打印机

任务小结

本任务主要是对网络的应用，在之前的任务中已经完成了对等网的连通，连通之后，可以在本任务中学习到文件夹的共享。文件夹共享后可对不借助任何的移动存储设备来完成文件的移动或复制。在本任务的知识拓展中学习到了打印机的共享，打印机共享后可以实现在对等网中的所有计算机都可以完成打印功能。

※项目评价※

项目评价见表 4-2。

表 4-2　项目评价

评价要素	知识点(技能点)	评价标准
组建、配置与调试小型对等网	组建小型对等网	正确进行物理连接,正确安装网卡驱动
	配置小型对等网	正确设置 IP 地址、子网掩码
	调试小型对等网	正确使用命令查看网络连通情况,并能进行故障调整
	系统共享设置	正确设置共享文件夹及其权限
	远程桌面共享	正确设置本地和远程计算机的桌面共享,使其能互相访问
	打印机共享	正确建立打印机共享,使其能共享打印

项目一

项目二
局域网的组建与调试

※项目描述※

本项目通过对交换机和路由器的连接、配置、使用来达到组建局域网的目的，同时还可以对网络进行拓展和优化，提高资源利用率。

※项目分析※

本项目首先要根据实际要求进行子网划分，以确定各子网的 IP 地址范围，再对交换机进行配置和配置路由器，最后进行网络调试以达到组网的要求，如图 4-60 所示。

图 4-60　组建局域网的步骤

※项目准备※

1. 传输介质：双绞线、Console 线
2. 安装好 Windows 操作系统的计算机
3. 交换机
4. 路由器

任务一　为局域网划分子网

任务描述

进一步学习 IP 地址及子网掩码的作用，理解 TCP/IP 的原理及作用，了解子网划分的好处，并且能通过多种方法对各种局域网按要求进行子网划分。

任务分析

在动手划分子网之前，一定要先分析一下自己的需求以及将来的规划。一般情况下要遵循以下原则：

1）确定网络中的物理段数量（子网个数）。

2）确定每个子网需要的主机数。一个主机至少有一个 IP 地址。

子网划分的方法如图 4-61 所示。

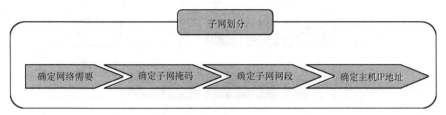

图 4-61　子网划分的方法

※知识链接※

一个网络实际上可能会有多个物理网段，我们把这些网段称为子网。将一个网络划分成若干个子网，需要使用不同的网络号或子网号。划分子网的优点如下：

1）减少网络流量。

2）提高网络性能。

3）简化管理。

4）易于扩大地理范围。

任务实施

实例：确定网络中的物理段数量（子网个数）。

某学校有计算机 100 台左右，在 200.100.50.0（给定网络地址）网络中，为了提高网络的性能，加强网络的安全性，现在需要按办公室对计算机进行划分，对 6 个办公室进行统筹划分，每个办公室用一个独立的子网（总共 6 个子网）。

步骤 1：确定 IP 地址的类型（见表 4-3）

表 4-3　IP 地址的类型

类型	IP 地址范围	保留 IP	私用 IP	子网掩码
A 类	1.0.0.1 ~ 126.255.255.254	127.X.X.X	10.0.0.0 ~ 10.255.255.255	255.0.0.0
B 类	128.0.0.1 ~ 191.255.255.254	169.254.X.X	172.16.0.0 ~ 172.31.255.255	255.255.0.0
C 类	192.0.0.4 ~ 223.255.255.254		192.168.0.0 ~ 192.168.255.255	255.255.255.0
D 类	224.0.0.4 ~ 239.255.255.254	组播地址		
E 类	240.0.0.4 ~ 255.255.255.254	保留实验用地址		

解答：200.100.50.0 为 C 类 IP 地址，因此子网掩码为 255.255.255.0。

步骤 2：确定网络地址和主机地址

解答：子网掩码转换为二进制为 11111111.11111111.11111111.00000000。

相对应 IP 地址的结构得出，最后八位为需要划分的主机位，如图 4-62 所示。

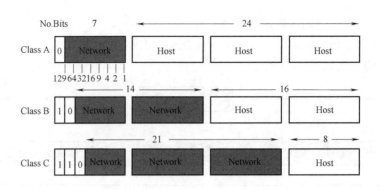

图 4-62　确定主机位

步骤 3：求出子网数目对应二进制数的位数 N

解答：因为需要给六个办公室划分子网，$2^2<6<2^3$，所以需要借三个二进制位数。如果借两位，则是四个子网不够用，所以要选择三位。

步骤 4：求出 IP 地址的原子网掩码

解答：将其主机地址部分的前 N 位取 1 即得出该 IP 地址划分子网后的子网掩码。由原来 C 类 IP 地址子网掩码的主机位借三位后变为新的子网掩码，见表 4-4。

表 4-4　新的子网掩码

C 类 IP 地址子网掩码	11111111. 11111111. 11111111. 00000000
新的子网掩码	11111111. 11111111. 11111111. 11100000

步骤 5：得出进行划分后的子网 IP 地址范围

解答：算出所对应的 IP 地址范围，虽然算出了八个子网，但本题目需要六个，另外两个可以作为备选，见表 4-5。

表 4-5　确定 IP 地址

序号	IP 地址（二进制）	IP 地址（十进制）
1	11001000. 01100100. 00110010. 00000000	200. 100. 50. 0
2	11001000. 01100100. 00110010. 00100000	200. 100. 50. 32
3	11001000. 01100100. 00110010. 01000000	200. 100. 50. 64
4	11001000. 01100100. 00110010. 01100000	200. 100. 50. 96
5	11001000. 01100100. 00110010. 10000000	200. 100. 50. 128
6	11001000. 01100100. 00110010. 10100000	200. 100. 50. 160
7	11001000. 01100100. 00110010. 11000000	200. 100. 50. 192
8	11001000. 01100100. 00110010. 11100000	200. 100. 50. 224

步骤 6：确定子网范围和子网的广播地址

解答：广播地址为 IP 地址的主机字段全为 1，应用于网络内的所有主机（见表 4-6）。

表 4-6 广播地址

序号	IP 地址(二进制)	IP 地址(广播地址)	广播地址(十进制)
1	11001000. 01100100. 00110010. 00000000	11001000. 01100100. 00110010. 00011111	200. 100. 50. 31
2	11001000. 01100100. 00110010. 00100000	11001000. 01100100. 00110010. 00111111	200. 100. 50. 63
3	11001000. 01100100. 00110010. 01000000	11001000. 01100100. 00110010. 01011111	200. 100. 50. 95
4	11001000. 01100100. 00110010. 01100000	11001000. 01100100. 00110010. 01111111	200. 100. 50. 127
5	11001000. 01100100. 00110010. 10000000	11001000. 01100100. 00110010. 10011111	200. 100. 50. 159
6	11001000. 01100100. 00110010. 10100000	11001000. 01100100. 00110010. 10111111	200. 100. 50. 191
7	11001000. 01100100. 00110010. 11000000	11001000. 01100100. 00110010. 11011111	200. 100. 50. 223
8	11001000. 01100100. 00110010. 11100000	11001000. 01100100. 00110010. 11111111	200. 100. 50. 255

因此可以确定六个子网的 IP 地址范围，见表 4-7。

表 4-7 IP 地址范围

序号	子网主机地址	子网可用有效 IP 地址范围	最大主机数 2^5-2
1	200. 100. 50. 0	200. 100. 50. 1 ~ 200. 100. 50. 30	30
2	200. 100. 50. 32	200. 100. 50. 33 ~ 200. 100. 50. 62	30
3	200. 100. 50. 64	200. 100. 50. 65 ~ 200. 100. 50. 94	30
4	200. 100. 50. 96	200. 100. 50. 97 ~ 200. 100. 50. 6126	30
5	200. 100. 50. 128	200. 100. 50. 129 ~ 200. 100. 50. 158	30
6	200. 100. 50. 160	200. 100. 50. 161 ~ 200. 100. 50. 190	30
7	200. 100. 50. 192	200. 100. 50. 193 ~ 200. 100. 50. 222	30
8	200. 100. 50. 224	200. 100. 50. 224 ~ 200. 100. 50. 254	30

※拓展练习※

学校有三个办公室，共六个专业，计算机专业有计算机 30 台，制冷专业有计算机 15 台，其他专业（艺教、电子、影视、摄影）均有计算机 27 台。现在申请一个 IP 地址：200. 100. 50. 0，请按要求划分子网，使每个都能满足要求，且留有一个的备用。写出每个子网的网络地址、广播地址及有效主机 IP 地址范围（根据子网最大主机数来进行子网划分）。

步骤 1：确定 IP 地址类型

该 IP 地址为 C 类，所以子网掩码为 255. 255. 255. 0，转换为二进制为

11111111. 11111111. 11111111. 00000000。

步骤 2：确定网络地址与主机地址

IP 地址相对应子网掩码为 1 的位为网络地址，为 0 的位为主机地址。所以，IP 地址二进制为 11001000. 01100100. 00110010. 00000000。

步骤 3：求出主机数对应二进制数的位数 M

因为要划分的子网最大主机数为 30 个，30 的二进制为 11110，为 6 位，所以主机数对应二进制数的位数 M=6，那么子网数对应二进制数的位数 N=8-6=2。

步骤 4：求出 IP 地址划分子网后的子网掩码

对 IP 地址的原子网掩码，将其主机地址部分的前 N 位置取 1，即得出该 IP 地址划分子网后的子网掩码。

由此可以给出新的子网掩码为 11111111. 11111111. 11111111. 11000000。

步骤 5：得出进行划分后的子网 IP 地址范围

可以划分出四个子网，见表 4-8。

表 4-8　四个子网

序号	IP 地址（二进制）	IP 地址（十进制）	最大主机数 2^6-2
1	11001000. 01100100. 00110010. 00000000	200. 100. 50. 0	62
2	11001000. 01100100. 00110010. 01000000	200. 100. 50. 64	62
3	11001000. 01100100. 00110010. 10000000	200. 100. 50. 128	62
4	11001000. 01100100. 00110010. 11000000	200. 100. 50. 192	62

选取 200.100.50.0～200.100.50.63 这个网段作为计算机专业的 IP 地址范围，该范围可以为 62 台计算机分配 IP 地址，足以满足计算机专业 30 台计算机的需要；选取 200.100.50.64～200.100.50.127 这个网段作为艺教专业的 IP 地址范围，此范围可以为 62 台计算机分配 IP 地址，足以满足艺教专业 27 台计算机的需要。

将 200.100.50.128～200.100.50.191 这个网段进行划分，划分成两个子网，见表 4-9。

表 4-9　确定划分的子网

序号	IP 地址（二进制）	IP 地址（十进制）	最大主机数 2^5-2
1	11001000. 01100100. 00110010. 10000000	200. 100. 50. 128	30
2	11001000. 01100100. 00110010. 10100000	200. 100. 50. 160	30

选取 200.100.50.128～200.100.50.159 这个网段作为电子专业的 IP 地址范围，该范围可以为 30 台计算机分配 IP 地址，足以满足电子专业 27 台计算机的需要；选取 200.100.50.160～200.100.50.191 这个网段作为影视专业的 IP 地址范围，该范围可以为 30 台计算机分配 IP 地址，足以满足影视专业 27 台计算机的需要。

同理对 200.100.50.192～200.100.50.254 这个网段进行划分，划分为两个子网，见表 4-10。

表 4-10　确定划分的子网

序号	IP 地址（二进制）	IP 地址（十进制）	最大主机数 2^5-2
1	11001000. 01100100. 00110010. 11000000	200. 100. 50. 192	30
2	11001000. 01100100. 00110010. 11100000	200. 100. 50. 224	30

选取 200.100.50.192～200.100.50.223 这个网段作为摄影专业的 IP 地址范围，该范围可以为 30 台计算机分配 IP 地址，足以满足摄影专业 27 台计算机的需要；选取 200.100.50.224～200.100.50.254 这个网段作为制冷专业的 IP 地址范围，该范围可以为 30 台计算机分配 IP 地址，足以满足制冷专业 15 台计算机的需要。

步骤 6：最后确定六个专业的 IP 地址

子网 IP 地址范围见表 4-11。

表 4-11 子网 IP 地址范围

专业	子网主机地址	子网可用有效 IP 地址范围	广播地址	最大主机数
计算机	200. 100. 50. 0	200. 100. 50. 0 ~ 200. 100. 50. 62	200. 100. 50. 63	62
艺教	200. 100. 50. 64	200. 100. 50. 64 ~ 200. 100. 50. 126	200. 100. 50. 127	62
电子	200. 100. 50. 128	200. 100. 50. 128 ~ 200. 100. 50. 158	200. 100. 50. 159	30
影视	200. 100. 50. 160	200. 100. 50. 160 ~ 200. 100. 50. 190	200. 100. 50. 191	30
摄影	200. 100. 50. 192	200. 100. 50. 192 ~ 200. 100. 50. 222	200. 100. 50. 223	30
制冷	200. 100. 50. 224	200. 100. 50. 224 ~ 200. 100. 50. 254	200. 100. 50. 255	30

任务二　使用交换机组建网络

任务描述

使用交换机完成局域网的组建。通过学习交换机的基本配置命令来达到配置虚拟局域网的目的，最后通过网络测试命令来检查网络实际是否连通。

任务分析

本任务分为以下几个步骤：组建网络、规划 IP 地址、配置交换机和测试网络，如图 4-63 所示。

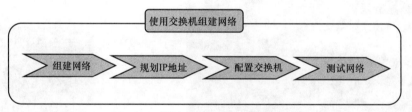

图 4-63　使用交换机组建网络的步骤

※知识链接※

一、交换机的相关知识

1. 交换机的概念

交换机是一种用于电信号转发的网络设备。它可以为接入交换机的任意两个网络节点提供独享的电信号通路。最常见的交换机是以太网交换机。其他常见的还有电话语音交换机、光纤交换机等。

2. 各种交换机接口

（1）RJ-45 接口

RJ-45 接口就是现在最常见的网络设备接口，俗称"水晶头"，专业术语为 RJ-45 插接器，属于双绞线以太网接口类型。RJ-45 插头只能沿固定方向插入，设有一个塑料弹片与 RJ-45 插槽卡住以防止脱落。RJ-45 插槽卡如图 4-64 所示。

这种接口在 10Base-T 以太网、100Base-TX 以太网、1000Base-TX 以太网中都可以使用，传输介质都是双绞线。

（2）Console 接口

Console 接口是用来配置交换机的，所以只有网管型交换机才有。虽然理论上来说，交换机的基本配置必须通过 Console（控制）端口，但有些品牌的交换机的基本配置在出厂时就已配置好了，不需要进行诸如 IP 地址、基本用户名之类的基本配置，所以这类网管

图 4-64　RJ-45 插槽卡

型交换机就不用提供这个 Console 接口了。这类交换机通常只需要通过简单的 Telnet 或 Java 程序的 Web 方式进行一些高级配置即可。

当然也有一些交换机还是提供了 Console 接口的，但要注意的是，用于交换机配置的 Console 端口并不是所有交换机都一样，有的采用与 Cisco 路由器一样的 RJ-45 类型 Console 接口，如图 4-65 所示。而有的则采用串口作为 Console 接口，如图 4-66 所示。

图 4-65　Console 接口

图 4-66　串口 Console 接口

（3）SC 光纤接口

SC 光纤接口在 100Base-TX 以太网时代就已经得到了应用，因此当时称为 100Base-FX（F 是光纤单词 Fiber 的缩写），不过当时由于性能并不比双绞线突出但是成本却较高，因此没有得到普及。现在业界大力推广千兆网络，SC 光纤接口（见图 4-67）则重新受到重视。

图 4-67　SC 光纤接口

二、交换机的连接

配置交换机一般有两种模式：本地的 Console 连接和远程 Telnet 连接。

1. Console 连接

前几年，台式机、笔记本式计算机、服务器设备都会在主板上配置一个 DB9 的接口，然后用 Console 线（见图 4-68）一头接交换机，一头接计算机。现在，笔记本式计算机与台式机都不会带 DB9 接口了，取而代之的是 USB 接口，所以一定要准备两根线，一根是 Console 线，一根是 USB 转 DB9 线（见图 4-69），然后两者连接（见图 4-70），USB 那端接计算机，RJ-45 那端接交换机，USB 转 DB9 是需要安装驱动的，安装完后，可以在设备管理器（见图 4-71）中看到设备。

图 4-68　Console 线

图 4-69　USB 转 DB9 线

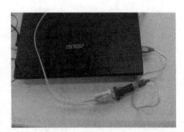
图 4-70　两者连接

图 4-71　设备管理器

Console 连接的操作步骤如下：

1）首先使用 Console 线把测试计算机（见图 4-72），与交换机的 Console 口连接起来，如图 4-73 所示。

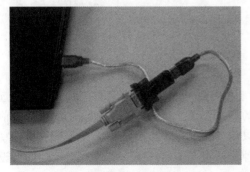
图 4-72　与计算机连接

图 4-73　与交换机连接

2）本地的 Console 是在不知道交换机 IP 地址的情况下使用的方法，需要在网上下载超级终端，如 SecureCRT 等。

3）下载 SecureCRT-v6.58H.rar，然后解压到安装程序的文件夹，双击 SecureCRT.exe，如图 4-74 所示。

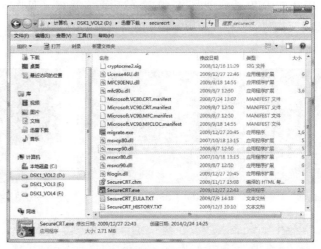

图 4-74　SecureCRT.exe 的位置

4）单击"连接"按钮，进行交换机连接，如图 4-75 所示。

5）在"协议"下拉列表中选择"Serial"，并设置好相关参数，如图 4-76 所示。

6）在图 4-76 中单击"连接"按钮进入下一个界面，可以进入控制台，并且可以直接进行输入，如图 4-77 所示。

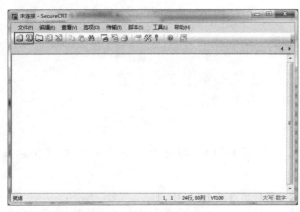

图 4-75　"连接"按钮

图 4-76　快速连接

2. 远程 Telnet 连接

远程 Telnet 是已知交换机 IP 的情况下使用的配置交换机的方法。Telnet 是 Internet 的远程登录协议。它主要是使用远程计算机上所拥有的信息资源，让管理员坐在自己的计算机前通过网络登录到另一台远程计算机上，这样就可以用自己的计算机直接操纵远程计算机，享受远程计算机本地终端同等的权力。交换机是一种能够在通信系统中完成信息交换功能的设备，已经成为应用普及最快的网络设备之一。作为局域网主要连接设备的以太网交换机，

用于连接终端设备，如 PC 及网络打印
机等。在对交换机进行相应的配置后，
就可以通过 Telnet 对交换机实施远程控
制了。为了实现远程登录，必须为交换
机设置一个 IP 地址才行。注意：这里
设置的 IP 地址只是为了远程管理，在
本地局域网中并没有什么特别的含义。
在交换机中，这个 IP 地址的接口是一
个虚拟的接口，称为 Vlan，因为本身交
换机并不存在这个接口，使用 Telnet 登
录还是使用原来的网线接口。交换机在

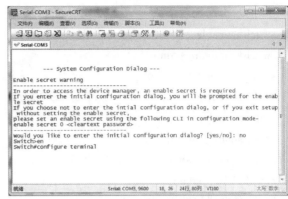

图 4-77 SecureCRT 主界面

工作时，本身就连接着许多的网线，给远程管理提供了条件。

Telnet 命令的一般格式如下：

telnet［Hostname/port］

这里要注意的是，"Hostname" 包括了交换机的名称，在前面为交换机配置了 IP 地址，
所以这里更多的是指交换机的 IP 地址。格式后面的 "port" 一般是不需要输入的，它是用
来设定 Telnet 通信所用的端口。一般来说，Telnet 通信端口在 TCP/IP 中有规定，为 23 号端
口，最好不更改它。

远程 Telnet 连接的操作步骤如下：

1）计算机的命令提示输入 telnet ＊＊＊.＊＊＊.＊＊＊.＊＊＊（IP 地址），如图 4-78 所示。

2）输入后，单击 "确定" 按钮，或按<Enter>键，建立与远程交换机的连接。图 4-79
所示为计算机通过 Telnet 与思科交换机建立连接时显示的界面。

图 4-78　Telnet 命令

图 4-79　Telnet 命令进入交换机

三、交换机的基本配置命令

1. 用户模式

switch>

2. 进入特权模式

switch> enable

switch#

3. 进入全局配置模式

switch> enable

switch#configure terminal

switch（conf）#

4. 交换机命名 hostname（以 aptech2950 为例）

switch> enable

switch#configure terminal

switch（conf）#hostname aptch-2950

aptech2950（conf）#

5. 设置虚拟局域网 vlan 10

switch> enable

switch#configure terminal

switch（conf）#hostname aptch2950

aptech2950（conf）# interface vlan 1

aptech2950（conf-if）#ip address 192.168.1.1 255.255.255.0　　//配置交换机端口 IP 和子网掩码

aptech2950（conf-if）#no shutdown　　　　//使配置处于运行中

aptech2950（conf-if）#exit

6. 进入交换机某一端口（以 17 端口为例）

switch> enable

switch#configure terminal

switch（conf）#hostname aptch2950

aptech2950（conf）# interface fastehernet 0/17

aptech2950（conf-if）#

7. 查看命令

switch> enable

switch# show version　　//查看系统中的所有版本信息

show interface vlan 1　　//查看交换机有关 IP 的配置信息

show running-configure　　//查看交换机当前起作用的配置信息

show interface fastethernet 0/1　　//查看交换机 1 接口具体配置和统计信息

show mac-address-table　　　　//查看 mac 地址表

show mac-address-table aging-time　　查看 mac 地址表自动老化时间

※任务实施※

步骤 1：按照图 4-80 连接网络

选择四条直通双绞线，每一条的一端接入交换机，另一端接入计算机网线端口。

步骤 2：设置 TCP/IP 属性

1）首先"打开网络和共享中心"，单击"本地连接"，单击"属性"按钮，在弹出的

对话框中双击"Internet 协议版本（TCP/IPv4）"，
在弹出的对话框中选中"使用下面的 IP 地址"单
选按钮，如图 4-81 所示。

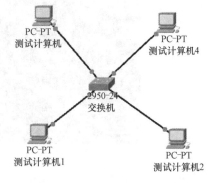

2）按照上面的步骤，分别为四台测试计算机
分配 IP 地址。

① 测试计算机 1：IP 地址为 192.168.1.1，子
网掩码为 255.255.255.0。

② 测试计算机 2：IP 地址为 192.168.1.2，子
网掩码为 255.255.255.0。

③ 测试计算机 3：IP 地址为 192.168.1.3，子
网掩码为 255.255.255.0。

图 4-80 拓扑图

④ 测试计算机 4：IP 地址为 192.168.1.4，子网掩码为 255.255.255.0。

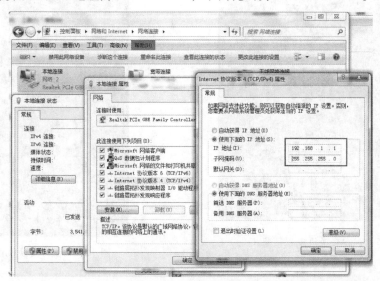

图 4-81 IP 地址设置

步骤 3：使用 Telnet 连接并访问交换机

已知交换机 IP 地址为 192.168.1.0，如图 4-82
所示。

步骤 4：按需求对交换机进行配置

1）为交换机改名，如图 4-83 所示。

2）配置交换机管理地址，由原来的
192.168.1.0 更改为 192.168.1.5，如图 4-84 所示。

图 4-82 Telnet 连接交换机

```
Switch>enable
Switch#configure terminal
Enter configuration commands, one per line.  End with CNTL/Z.
Switch(config)#hostname SwA
SwA(config)#exit
SwA#
%SYS-5-CONFIG_I: Configured from console by console
```

图 4-83 为交换机改名

项目二

图 4-84　配置交换机管理地址

3）查看交换机配置信息，如图 4-85~图 4-88 所示。

图 4-85　查看交换机配置信息 1

图 4-86　查看交换机配置信息 2

图 4-87　查看交换机配置信息 3

图 4-88　查看交换机配置信息 4

4）打开端口，并配置端口，使端口速度为100Mbit/s，模式为全双工，如图4-89所示。

```
SwA#configure terminal
Enter configuration commands, one per line.  End with CNTL/Z.
SwA(config)#interface fastethernet 0/1
SwA(config-if)#speed 100
SwA(config-if)#duplex full
SwA(config-if)#
%LINK-5-CHANGED: Interface FastEthernet0/1, changed state to down

%LINEPROTO-5-UPDOWN: Line protocol on Interface FastEthernet0/1, changed state t
o down

SwA(config-if)#no shutdown
SwA(config-if)#exit
SwA(config)#
```

图 4-89   配置端口

5）通过 ping 命令进行测试。

测试计算机 1 所在的端口 1 配置完成后，无法 ping 通其他的测试计算机和交换机。

注意：交换机端口 1 改为全双工后因为与计算机网卡的双工模式无法匹配，所以出现无法 ping 通的情况。如果希望端口 1 也能和交换机或其他测试计算机 ping 通，则需要把测试计算机 1 的网卡的双工模式强制改为全双工模式。

其他三台测试计算机均可以与交换机互相 ping 通。

※拓展练习※

拓展网络范围，根据图 4-90 所示的网络拓扑图，按需求配置两台交换机。

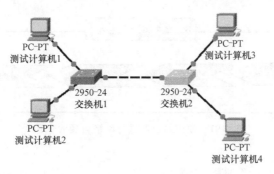

图 4-90   网络拓扑图

配置步骤如下：

1）正确连接交换机 1 和交换机 2。

2）正确配置测试计算机 IP 地址，见表 4-12。

表 4-12   配置测试计算机 IP 地址

计算机名	IP 地址
测试计算机 1	172. 16. 1. 1
测试计算机 2	172. 16. 1. 2
测试计算机 3	172. 16. 1. 3
测试计算机 4	172. 16. 1. 4

3）将两台交换机的名字更改为 SW1 和 SW2。

4）分别为两台交换机配置 IP 地址，见表 4-13。

表 4-13　为两台交换机配置 IP 地址

计算机名	IP 地址
交换机 1	172. 16. 1. 5
交换机 2	172. 16. 1. 6

5）使用 ping 命令测试网络连通性，使四台测试计算机全部可以连通。

任务三　使用路由器进行网络拓展

任务描述

为了使不同网络之间能够互连互通，本任务学习使用静态路由或动态路由实现不同网络之间的连通。

任务分析

本任务分为以下几个步骤：组建网络、规划 IP 地址、配置路由器和测试网络，如图 4-91 所示。

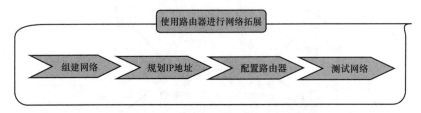

图 4-91　使用路由器进行网络拓展的步骤

※知识链接※

一、路由的概念

路由是指路由器从一个接口上收到数据包，根据数据包的目的地址进行定向并转发到另一个接口的过程，或者说是通过相互连接的网络把信息从源地点移动到目标地点的活动。一般来说，在路由过程中，信息至少会经过一个或多个中间节点。简单来说，就是用来连接多个不同位置的计算机实现共同上网，且将其连接为一个小局域网，如图 4-92 所示。

二、路由器的工作原理

（1）路由器

路由器（Router）是一种计算机网络设备，它能将数据包通过一个个网络传送至目的

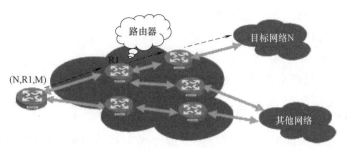

图 4-92 局域网

地，路由器用于连接两个以上逻辑上分开的网络。当数据从一个子网传输到另一个子网时，可以通过路由器来完成，因此路由器具有判断网络地址和选择路径的功能，它能在多个网络互联环境中建立灵活的连接，可用完全不同的数据分组和介质访问方法连接各种子网，路由器只接受源站或其他路由器的信息，属网络层的一种互联设备。它不关心各子网使用的硬件设备，但要求运行与网络协议相一致的软件。路由包含两个动作：确定最佳路径和数据转发，数据转发相对来说比较简单，而选择路径则相对复杂。

（2）工作原理

网络拓扑图如图 4-93 所示。

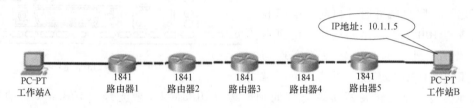

图 4-93 网络拓扑图

1）工作站 A 将工作站 B 的 IP 地址 10.1.1.5 连同数据信息以数据包的形式发送给路由器 1。

2）路由器 1 收到工作站 A 的数据包后，先从数据包头取出 IP 地址 10.1.1.5，并根据路由表计算出发往工作站 B 的最佳路径（工作站 A →路由器 1→路由器 2→路由器 5→工作站 B），并将数据包发往路由器 2。

3）路由器 2 重复路由器 1 的工作，并将数据包发给路由器 5。

4）路由器 5 同样取出目的地址，发现 10.1.1.5 就在该路由器所连接的网段上，于是将该数据包直接发给工作站 B。

5）工作站 B 收到工作站 A 的数据包后，返回一个确认信息，则一次通信过程结束。

三、路由器的组成

路由器就是一台计算机，其基本组件如下。

1）CPU（中央处理器）：路由器的 CPU 负责路由器的配置管理和数据包的转发工作，如维护路由器所需的各种表格以及路由运算等。路由器对数据包的处理速度很大程度上取决于 CPU 的类型和性能。

2) AM（可读/写存储器）：思科路由器中的 RAM 也是运行期间暂时存放操作系统和数据的存储器，让路由器能迅速访问这些信息。

3) ROM（只读存储器）：主要用于系统初始化等功能。

4) 操作系统：思科路由器所应用的操作系统称为 Internetwork Operating System（IOS）。

四、路由器的接口及连接方式

路由器具有非常强大的网络连接和路由功能，它可以与各种各样的不同网络进行物理连接，这就决定了路由器的接口技术非常复杂，越是高档的路由器其接口种类也就越多，因此它所能连接的网络类型也越多。路由器的端口主要分局域网端口、广域网端口和路由器配置端口三类。

1. 局域网接口

常见的以太网接口主要有 AUI、RJ-45 和 SC 端口，还有 FDDI、ATM、千兆以太网等接口。

（1）AUI 端口

AUI 端口就是用来与粗同轴电缆连接的接口，它是一种 D 形 15 针接口，这在令牌环网或总线型网络中是一种比较常见的端口之一。路由器可通过粗同轴电缆收发器实现与 10Base-5 网络的连接，但更多的则是借助于外接的收发转发器实现与 10Base-T 以太网络的连接。当然，也可借

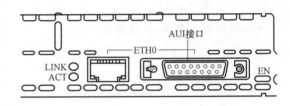

图 4-94　AUI 端口示意图

助于其他类型的收发转发器实现与细同轴电缆（10Base-2）或光缆（10Base-F）的连接。AUI 端口示意图如图 4-94 所示。

（2）RJ-45 端口

RJ-45 端口是常见的双绞线以太网端口。因为在快速以太网中也主要采用双绞线作为传输介质，所以根据端口的通信速率不同 RJ-45 端口又可分为 10Base-T 网 RJ-45 端口和 100Base-TX 网 RJ-45 端口两类。其中，10Base-T 网的 RJ-45 端口在路由器中通常是标识为 "ETH"，而 100Base-TX 网的 RJ-45 端口则通常标识为 "10/100bTX"，如图 4-95 和图 4-96 所示。其实这两种 RJ-45 端口仅就端口本身而言是完全一样的，但端口中对应的网络电路结构是不同的，所以也不能随便接。

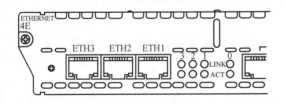

图 4-95　10Base-T 网的 RJ-45 端口

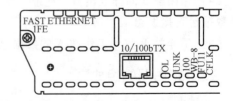

图 4-96　10/100Base-TX 网的 RJ-45 端口

（3）SC 端口

SC 端口就是常说的光纤端口，用于与光纤的连接。光纤端口通常不直接用光纤连接至

工作站，而是通过光纤连接到快速以太网或千兆以太网等具有光纤端口的交换机。这种端口一般在高档路由器才具有，都以"100b FX"标注，如图 4-97 所示。

2. 广域网接口

路由器不仅能实现局域网之间的连接，更重要的应用还能实现局域网与广域网、广域网与广域网之间的连接。因为广域网规模大，网络环境复杂，所以也就决定了路由器用于连接广域网的端口的速率要求非常高，在以太网中一般

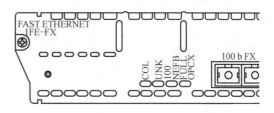

图 4-97　SC 端口

都要求速度在 100Mbit/s 快速以太网以上。下面介绍几种常见的广域网接口。

（1）RJ-45 端口

利用 RJ-45 端口也可以建立广域网与局域网 VLAN（虚拟局域网）之间，以及与远程网络或 Internet 的连接。如果使用路由器为不同 VLAN 提供路由时，可以直接利用双绞线连接至不同的 VLAN 端口。如果必须通过光纤连接至远程网络，或连接的是其他类型的端口时，则需要借助于收发转发器才能实现彼此之间的连接。图 4-98 所示为快速以太网（Fast Ethernet）端口。

（2）AUI 端口

AUI 端口在局域网中讲过，主要用于与粗同轴电缆连接的网络接口。其实 AUI 端口也常被用于与广域网的连接，但是这种接口类型在广域网应用得比较少。在 Cisco 2600 系列路由器上，提供了 AUI 与 RJ-45 两个广域网连接端口（见图 4-99），用户可以根据自己的需要选择适当的类型。

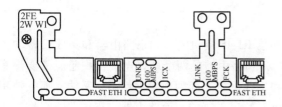

图 4-98　快速以太网（Fast Ethernet）端口

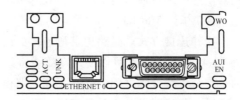

图 4-99　AUI 与 RJ-45 广域网连接端口

（3）高速同步串口

在路由器的广域网连接中，应用最多的端口是高速同步串口（SERIAL），如图 4-100 所示。

这种端口主要是用于连接目前应用非常广泛的 DDN、帧中继（Frame Relay）、X.25、PSTN（模拟电话线路）等网络连接模式。在企业网之间有时也通过 DDN 或 X.25 等广域网连接技术进行专线连接。这种同步端口一般要求速率非常高，因为一般来说通过这种端口所连接的网络的两端都要求实时同步。

（4）异步串口

异步串口（ASYNC）主要是应用于 Modem 或 Modem 池的连接，如图 4-101 所示。它主要用于实现远程计算机通过公用电话网拨入网络。这种异步端口相对于上面介绍的同步端口来说在速率上要求没那么高，因为它并不要求网络的两端保持实时同步，只要求能连续

项目二

即可。

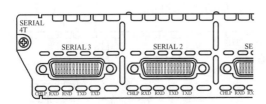

图 4-100　高速同步串口

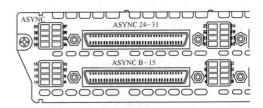

图 4-101　异步串口

3. 路由器配置接口

路由器的配置端口有两个：Console 和 AUX。

（1）Console 端口

Console 端口使用配置专用连线直接连接至计算机的串口，利用终端仿真程序（如 Windows 下的"超级终端"）进行路由器本地配置。路由器的 Console 端口多为 RJ-45 端口。图 4-102 所示就包含了一个 Console 配置端口。

（2）AUX 端口

AUX 端口为异步端口，主要用于远程配置，也可用于拔号连接，还可以通过收发器与 Modem 进行连接。AUX 端口与 Console 端口通常同时提供，因为它们各自的用途不一样。

五、路由器的硬件连接

1. 路由器与局域网接入设备之间的连接

局域网设备主要是指集线器与交换机，交换机通常使用的端口只有 RJ-45 和 SC，而集线器使用的端口通常为 AUI、BNC 和 RJ-45。

（1）RJ-45-to-RJ-45

这种连接方式就是路由器所连接的两端都是 RJ-45 接口的。如果路由器和集线设备均提供 RJ-45 端口，那么可以使用双绞线将集线设备和路由器的两个端口连接在一起。需要注意的是，与集线设备之间的连接不同，路由器和集线设备之间的连接不使用交叉线，而是使用直通线。集线器设备之间的级联通常是通过级联端口进行的，而路由器与集线器或交换机之间的互联是通过普通端口进行的。

另外，路由器和集线设备端口通信速率应当尽量匹配，否则，宁可使集线设备的端口速率高于路由器的速率，并且最好将路由器直接连接至交换机。

（2）AUI-to-RJ-45

这种情况主要出现在路由器与集线器相连。如果路由器仅拥有 AUI 端口，而集线设备提供的是 RJ-45 端口，那么必须借助于 AUI-to-RJ-45 收发器才可实现两者之间的连接。当然，收发器与集线设备之间的双绞线跳线也必须使用直通线。AUI-to-RJ-45 连接示意图如图 4-103 所示。

2. 配置端口连接方式

与前面讲的一样，路由器的配置端口依据配置的方式的不同，所采用的端口也不一样，一种是本地配置所采用的 Console 端口，另一种是远程配置时采用的 AUX 端口。

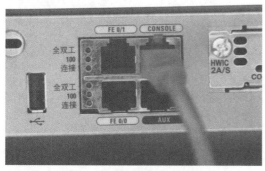

图 4-102　Console 端口

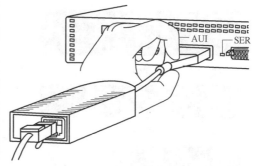

图 4-103　AUI-to-RJ-45 连接示意图

（1）Console 端口的连接方式

当使用计算机配置路由器时，必须使用交叉线将路由器的 Console 端口与计算机的串口/并口连接在一起，这种连接线一般来说需要特制，根据计算机端所使用的是串口还是并口，选择制作 RJ-45-to-DB9 或 RJ-45-to-DB25 转换用适配器，如图 4-104 所示。

（2）AUX 端口的连接方式

当需要通过远程访问的方式实现对路由器的配置时，就需要采用 AUX 端口进行了。AUX 其实与上面所讲的接口结构 RJ-45 一样，

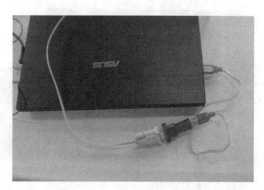

图 4-104　RJ-45-to-DB-9 连接方法

只是里面所对应的电路不同，实现的功能也不同而已。根据 Modem 所使用的端口情况不同，来确定通过 AUX 端口与 Modem 进行连接，所以也必须借助于 RJ-45-to-DB9 或 RJ-45-to-DB25 的收发器进行选择。

六、配置思科路由器的命令

1. 用户模式

Router>Router>

```
Router>
```

2. 特权模式

```
Router>enable
Router#
```

3. 全局配置模式

```
Router#
Router#config terminal
Enter configuration commands, one per line.  End with CNTL/Z.
Router(config)#
```

4. 进入路由器的 f0/1 接口

```
Router(config)#
Router(config)#interface f0/1
Router(config-if)#
```

5. 配置路由器名称

```
Router(config)#
Router(config)#hostname R1
R1(config)#
```

6. 显示运行配置信息

```
R1#
R1#show running-config
```

7. 显示路由表信息

```
R1#
R1#show ip route
```

8. 显示接口状态

```
R1#
R1#show ip interface brief
```

9. 配置连接网络的接口地址

```
R1#
R1#configure terminal
Enter configuration commands, one per line.  End with CNTL/Z.
R1(config)#interface f0/1
R1(config-if)#ip address 172.16.1.1 255.255.255.0
R1(config-if)#no shutdown
R1(config-if)#
```

七、静态路由

静态路由是指由用户或网络管理员手工配置的路由信息。当网络的拓扑结构或链路的状态发生变化时，网络管理员需要手工去修改路由表中相关的静态路由信息。静态路由信息在默认情况下是私有的，不会传递给其他的路由器。当然，网管员也可以通过对路由器进行设置使之成为共享的。静态路由一般适用于比较简单的网络环境，在这样的环境中，网络管理员易于清楚地了解网络的拓扑结构，便于设置正确的路由信息。使用静态路由的另一个好处是网络安全保密性高。大型和复杂的网络环境通常不宜采用静态路由。一方面，网络管理员难以全面地了解整个网络的拓扑结构；另一方面，当网络的拓扑结构和链路状态发生变化时，路由器中的静态路由信息需要大范围地调整，这一工作的难度和复杂程度非常高。在所有的路由中，静态路由的优先级最高，也就是说，当其他路由与静态路由发生冲突时，以静态路由为准。

静态路由的配置有以下两种方法：带下一跳路由器的静态路由（指将数据包交给的 IP 地址）和带送出接口的静态路由（指从本地某接口发出的地址）。配置静态路由命令的格式如下：

Router（config）#ip route ［网络编号］［子网掩码］［转发路由器的 IP 地址/本地接口地址］

八、动态路由

动态路由器上的路由表项是通过相互连接的路由器之间交换彼此信息，然后按照一定的算法优化出来的，而这些路由信息在一定时间间隙里不断更新，以适应不断变化的网络，以随时获得最优的寻路效果。为了实现 IP 分组的高效寻路，IETF 制定了多种寻路协议。其中，用于自治系统内部网关协议有开放式最短路径优先（Open Shortest Path First，OSPF）

协议和寻路信息协议（Routing Information Protocol，RIP）。所谓自治系统是指在同一实体（如学校、企业或 ISP）管理下的主机、路由器及其他网络设备的集合，还有用于自治域系统之间的外部网络路由协议 BGP-4 等。动态路由机制的运作依赖路由器的两个基本功能：对路由表的维护，路由器之间适时的路由信息交换。

1）RIP 属于最早的动态路由协议。它的优点：节约成本，对资源消耗较低，配置简单，对硬件要求低，占用 CPU、内存低，所以在小型网络中还有使用到；缺点：计算路由慢，链路变化了收敛慢，能够保存的路由表相对较小，最多只能支持 15 台设备的网络，只适用于小型网络。

2）OSPF 协议是企业网主要使用的协议。它的优点：技术成熟，碰到的问题基本上在资料上都能够查到，收敛快；缺点：安全性较 ISIS 差。

3）ISIS 协议（中间系统到中间系统协议）是传输网/运营商网络主要使用的协议。它的优点：算法与 OSPF 类似，收敛快，安全性高；缺点：异常处理资料不如 OSPF 丰富。

4）BGP（边界网关协议）用于核心网的路由的传递。

路由器之间的路由信息交换是基于路由协议实现的。交换路由信息的最终目的在于通过路由表找到一条数据交换的"最佳"路径。每一种路由算法都有其衡量"最佳"的一套原则。大多数算法使用一个量化的参数来衡量路径的优劣，一般来说，参数值越小，路径越好。该参数可以通过路径的某一特性进行计算，也可以在综合多个特性的基础上进行计算。

动态路由适用于网络规模大、拓扑复杂的网络。

动态路由的特点如下：

1）无须管理员手工维护，减轻了管理员的工作负担。

2）占用了网络带宽。

3）在路由器上运行路由协议，使路由器可以自动根据网络拓扑结构的变化调整路由条目。

RIP 动态路由的命令格式：

```
Router rip          创建 RIP 路由进程
Network 网络号      定义关联网络
```

※任务实施※

子任务一　使用静态路由连接不同的网络

步骤 1：创建网络工作环境

根据网络拓扑图（见图 4-105），连接并组建网络（注意要使用交叉线），正确连接计算机和路由器的各个端口，观察指导灯是否正常。

步骤 2：划分 IP 地址

根据表 4-14 划分 IP 地址。

表 4-14　划分 IP 地址

设备	IP 地址	子网掩码	网关	接口
计算机 1(PC1)	1.0.0.2	255.0.0.0	1.0.0.1	交换机 1 的 fa0/0 端口
计算机 2(PC2)	3.0.0.2	255.0.0.0	3.0.0.1	交换机 2 的 fa0/0 端口

（续）

设备	IP 地址	子网掩码	网关	接口
路由器 1（fa0/0）端口	1.0.0.1	255.0.0.0		
路由器 1（fa0/1）端口	2.0.0.1	255.0.0.0		
路由器 2（fa0/0）端口	3.0.0.1	255.0.0.0		
路由器 2（fa0/1）端口	2.0.0.2	255.0.0.0		

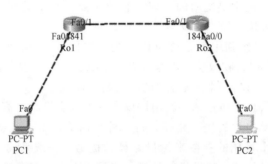

图 4-105　网络拓扑图

步骤 3：配置计算机 IP 地址（见表 4-14）

打开测试计算机的"网络连接"，选择"常规"选项卡中的"Internet 协议（TCP/IP）"选项，单击"属性"按钮，分别给测试计算机 1（PC1）和测试计算机 2（PC2）配置 IP 地址，如图 4-106 所示。

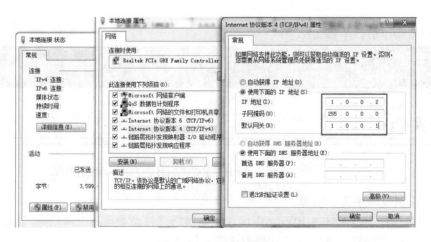

图 4-106　IP 地址设置

步骤 4：连接路由器

可使用 SecureCRT 终端，连接方式同交换机，如图 4-107 所示。

步骤 5：配置路由器 1 的各个端口的 IP 地址及端口状态（见图 4-108）。

步骤 6：配置路由器 2 的各个端口的 IP 地址及端口状态（见图 4-109）。

步骤 7：配置路由器 1 的静态路由（见图 4-110）。

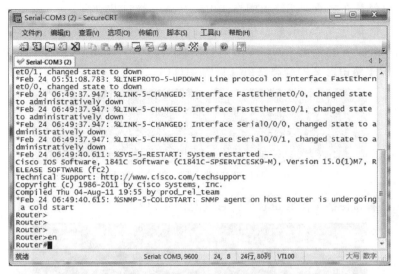

图 4-107　SecureCRT 主界面

```
R1#configure terminal
Enter configuration commands, one per line.  End with CNTL/Z.
R1(config)#interface FastEthernet0/0
R1(config-if)#ip address 1.0.0.1 255.0.0.0
R1(config-if)#no shutdown
R1(config-if)#interface FastEthernet0/1
R1(config-if)#ip address 2.0.0.1 255.0.0.0
R1(config-if)#no shutdown
R1(config-if)#end
R1#
%SYS-5-CONFIG_I: Configured from console by console
```

图 4-108　配置路由器 1 端口

```
R2#configure terminal
Enter configuration commands, one per line.  End with CNTL/Z.
R2(config)#interface FastEthernet0/0
R2(config-if)#ip address 3.0.0.1 255.0.0.0
R2(config-if)#no shutdown
R2(config-if)#interface FastEthernet0/1
R2(config-if)#ip address 2.0.0.2 255.0.0.0
R2(config-if)#no shutdown
R2(config-if)#end
R2#
```

图 4-109　配置路由器 2 端口

```
R1#configure terminal
Enter configuration commands, one per line.  End with CNTL/Z.
R1(config)#ip route 3.0.0.0 255.0.0.0 2.0.0.2
R1(config)#end
R1#
```

图 4-110　配置路由器 1 的静态路由

1）这里的 3.0.0.0 255.0.0.0 为要到达的目的网络，其网络号为 3.0.0.0，子网掩码为 255.0.0.0，计算机 2（3.0.0.2）是这个网络（3.0.0.0）中的一个主机而已，在这里用于模拟整个网络（3.0.0.0）。

2）这里的 2.0.0.2 为到达目的网络（3.0.0.0）必须经过交换机 2 的 fa0/1 端口

（2.0.0.2），也就是在之前静态路由的格式中转发路由器的 IP 地址。

3）在整个任务中所使用的静态路由格式均为

Router（config）#ip route［网络编号］［子网掩码］［转发路由器的 IP 地址］

步骤 8：配置路由器 2 的静态路由（见图 4-111）

```
R2>en
R2#configure terminal
Enter configuration commands, one per line.  End with CNTL/Z.
R2(config)#ip route 1.0.0.0 255.0.0.0 2.0.0.1
R2(config)#end
R2#
%SYS-5-CONFIG I: Configured from console by console
```

图 4-111　配置路由器 2 的静态路由

步骤 9：查看路由器 1 的路由状态信息（见图 4-112）

```
R1>en
R1#show ip route
Codes: C - connected, S - static, I - IGRP, R - RIP, M - mobile, B - BGP
       D - EIGRP, EX - EIGRP external, O - OSPF, IA - OSPF inter area
       N1 - OSPF NSSA external type 1, N2 - OSPF NSSA external type 2
       E1 - OSPF external type 1, E2 - OSPF external type 2, E - EGP
       i - IS-IS, L1 - IS-IS level-1, L2 - IS-IS level-2, ia - IS-IS inter area
       * - candidate default, U - per-user static route, o - ODR
       P - periodic downloaded static route

Gateway of last resort is not set

C    1.0.0.0/8 is directly connected, FastEthernet0/0
C    2.0.0.0/8 is directly connected, FastEthernet0/1
S    3.0.0.0/8 [1/0] via 2.0.0.2
R1#
```

图 4-112　查看路由器 1 的路由状态信息

特别注意：

```
C    1.0.0.0/8 is directly connected, FastEthernet0/0
C    2.0.0.0/8 is directly connected, FastEthernet0/1
S    3.0.0.0/8 [1/0] via 2.0.0.2
```

只有出现以上信息，才说明静态路由已经正确使用。路由器 2 也一样。

步骤 10：查看路由器 2 的路由状态信息（见图 4-113）

步骤 11：测试网络连通性

分别打开两台测试计算机，单击"开始"→"运行"命令，在弹出的对话框中输入"cmd"命令，转到命令行状态，如图 4-114 所示。使用 ping 命令，测试网络的连通性如图 4-115 所示。

```
R2#show ip route
Codes: C - connected, S - static, I - IGRP, R - RIP, M - mobile, B - BGP
       D - EIGRP, EX - EIGRP external, O - OSPF, IA - OSPF inter area
       N1 - OSPF NSSA external type 1, N2 - OSPF NSSA external type 2
       E1 - OSPF external type 1, E2 - OSPF external type 2, E - EGP
       i - IS-IS, L1 - IS-IS level-1, L2 - IS-IS level-2, ia - IS-IS inter area
       * - candidate default, U - per-user static route, o - ODR
       P - periodic downloaded static route

Gateway of last resort is not set

S    1.0.0.0/8 [1/0] via 2.0.0.1
C    2.0.0.0/8 is directly connected, FastEthernet0/1
C    3.0.0.0/8 is directly connected, FastEthernet0/0
R2#
```

图 4-113　查看路由器 2 的路由状态信息

图 4-114　输入"cmd"命令

1）在测试计算机 1 的命令行状态，使用 ping 命令来测试是否能连通测试计算机 2，如图 4-115 所示。

```
PC>ping 3.0.0.2

Pinging 3.0.0.2 with 32 bytes of data:

Reply from 3.0.0.2: bytes=32 time=0ms TTL=126
Reply from 3.0.0.2: bytes=32 time=0ms TTL=126
Reply from 3.0.0.2: bytes=32 time=0ms TTL=126
Reply from 3.0.0.2: bytes=32 time=0ms TTL=126

Ping statistics for 3.0.0.2:
    Packets: Sent = 4, Received = 4, Lost = 0 (0% loss),
Approximate round trip times in milli-seconds:
    Minimum = 0ms, Maximum = 0ms, Average = 0ms
```

图 4-115   ping 命令 1

2）在测试计算机 2 的命令行状态，使用 ping 命令来测试是否能连通测试计算机 1，如图 4-116 所示。

```
PC>ping 1.0.0.2

Pinging 1.0.0.2 with 32 bytes of data:

Reply from 1.0.0.2: bytes=32 time=1ms TTL=126
Reply from 1.0.0.2: bytes=32 time=0ms TTL=126
Reply from 1.0.0.2: bytes=32 time=1ms TTL=126
Reply from 1.0.0.2: bytes=32 time=0ms TTL=126

Ping statistics for 1.0.0.2:
    Packets: Sent = 4, Received = 4, Lost = 0 (0% loss),
Approximate round trip times in milli-seconds:
    Minimum = 0ms, Maximum = 1ms, Average = 0ms
```

图 4-116   ping 命令 2

子任务二　使用 RIP 动态路由连接不同的网络

步骤 1：创建网络工作环境

根据网络拓扑图（见图 4-117），连接并组建网络（注意要使用交叉线），正确连接计算机和路由器的各个端口，观察指导灯是否正常。

步骤 2：划分 IP 地址

根据表 4-15 划分 IP 地址。

表 4-15　划分 IP 地址

设备	IP 地址	子网掩码	网关	接口
计算机 1（PC1）	1.0.0.2	255.0.0.0	1.0.0.1	路由器 1 的 f0/0 端口
计算机 2（PC2）	3.0.0.2	255.0.0.0	3.0.0.1	路由器 2 的 f0/0 端口
路由器 1（f0/0）端口	1.0.0.1	255.0.0.0		
路由器 1（f0/1）端口	2.0.0.1	255.0.0.0		
路由器 2（f0/0）端口	3.0.0.1	255.0.0.0		
路由器 2（f0/1）端口	2.0.0.2	255.0.0.0		

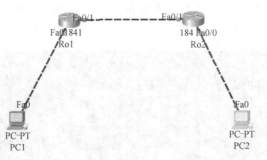

图 4-117　网络拓扑图

步骤 3：配置计算机 IP 地址

打开测试计算机的"网络连接"，选择"常规"选项卡中的"Internet 协议（TCP/IP）"选项，单击"属性"按钮，分别给测试计算机 1（PC1）和测试计算机 2（PC2）配置 IP 地址，如图 4-118 所示。

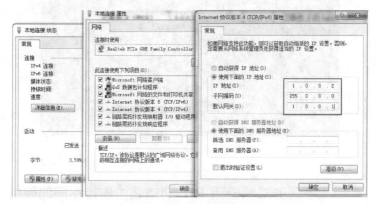

图 4-118　配置计算机 IP 地址

步骤 4：配置路由器 1 各个端口的 IP 地址及端口状态（见图 4-119）。

```
R1#configure terminal
Enter configuration commands, one per line.  End with CNTL/Z.
R1(config)#interface FastEthernet0/0
R1(config-if)#ip address 1.0.0.1 255.0.0.0
R1(config-if)#no shutdown
R1(config-if)#interface FastEthernet0/1
R1(config-if)#ip address 2.0.0.1 255.0.0.0
R1(config-if)#no shutdown
R1(config-if)#end
R1#
%SYS-5-CONFIG_I: Configured from console by console
```

图 4-119　配置路由器 1 端口

步骤 5：配置路由器 2 各个端口的 IP 地址及端口状态（见图 4-120）

```
R2#configure terminal
Enter configuration commands, one per line.  End with CNTL/Z.
R2(config)#interface FastEthernet0/0
R2(config-if)#ip address 3.0.0.1 255.0.0.0
R2(config-if)#no shutdown
R2(config-if)#interface FastEthernet0/1
R2(config-if)#ip address 2.0.0.2 255.0.0.0
R2(config-if)#no shutdown
R2(config-if)#end
R2#
```

图 4-120　配置路由器 2 端口

步骤 6：配置路由器 1 的动态路由（见图 4-121）

图 4-121　配置路由器 1 的动态路由

1）这里的 1.0.0.0 是网络地址，而 PC1 只是网络中的一台主机而已，用来模拟整个网络（1.0.0.0）。这个网络（1.0.0.0）是与路由器 1 直连的网络，但也必须写出来。这点和静态路由不一样，静态路由直连的网络就不需要再写出来了。

2）这里的 2.0.0.0 经过路由器 1 才能到达目的网络，所以必须写出，这样动态路由才能找到目的网络。

步骤 7：配置路由器 2 的动态路由（见图 4-122）

图 4-122　配置路由器 2 的动态路由

特别注意：

只有出现以上信息，才说明动态路由已经正确使用。路由器 2 也一样。

步骤 8：查看路由器 1 的路由状态信息（见图 4-123）

图 4-123　查看路由器 1 的路由状态信息

步骤 9：查看路由器 2 的路由状态信息（见图 4-124）

步骤 10：测试网络连通性

— 159 —

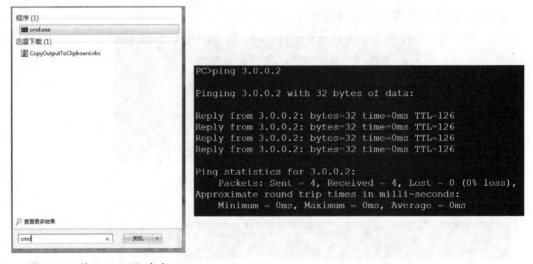

```
R2#show ip route
Codes: C - connected, S - static, I - IGRP, R - RIP, M - mobile, B - BGP
       D - EIGRP, EX - EIGRP external, O - OSPF, IA - OSPF inter area
       N1 - OSPF NSSA external type 1, N2 - OSPF NSSA external type 2
       E1 - OSPF external type 1, E2 - OSPF external type 2, E - EGP
       i - IS-IS, L1 - IS-IS level-1, L2 - IS-IS level-2, ia - IS-IS inter area
       * - candidate default, U - per-user static route, o - ODR
       P - periodic downloaded static route

Gateway of last resort is not set

S    1.0.0.0/8 [1/0] via 2.0.0.1
C    2.0.0.0/8 is directly connected, FastEthernet0/1
C    3.0.0.0/8 is directly connected, FastEthernet0/0
R2#
```

图 4-124　查看路由器 2 的路由状态信息

　　分别打开两台测试计算机，单击"开始"→"运行"命令，在弹出的对话框中，输入 "cmd"命令，转到命令行状态，如图 4-125 所示。使用 ping 命令，测试网络的连通性，如 图 4-126 所示。

　　1）在测试计算机 1 的命令行状态，使用 ping 命令来测试是否能连通测试计算机 2，如 图 4-126 所示。

```
程序 (1)
  cmd.exe
迅雷下载 (1)
  CopyOutputToClipboard.vbs




查看更多结果
[cmd        ×]  [关机 ▶]
```

```
PC>ping 3.0.0.2

Pinging 3.0.0.2 with 32 bytes of data:

Reply from 3.0.0.2: bytes=32 time=0ms TTL=126
Reply from 3.0.0.2: bytes=32 time=0ms TTL=126
Reply from 3.0.0.2: bytes=32 time=0ms TTL=126
Reply from 3.0.0.2: bytes=32 time=0ms TTL=126

Ping statistics for 3.0.0.2:
    Packets: Sent = 4, Received = 4, Lost = 0 (0% loss),
Approximate round trip times in milli-seconds:
    Minimum = 0ms, Maximum = 0ms, Average = 0ms
```

图 4-125　输入"cmd"命令　　　　　　　　　图 4-126　ping 命令 1

　　2）在测试计算机 2 的命令行状态，使用 ping 命令来测试是否能连通测试计算机 1，如 图 4-127 所示。

```
PC>ping 1.0.0.2

Pinging 1.0.0.2 with 32 bytes of data:

Reply from 1.0.0.2: bytes=32 time=1ms TTL=126
Reply from 1.0.0.2: bytes=32 time=0ms TTL=126
Reply from 1.0.0.2: bytes=32 time=1ms TTL=126
Reply from 1.0.0.2: bytes=32 time=0ms TTL=126

Ping statistics for 1.0.0.2:
    Packets: Sent = 4, Received = 4, Lost = 0 (0% loss),
Approximate round trip times in milli-seconds:
    Minimum = 0ms, Maximum = 1ms, Average = 0ms
```

图 4-127　ping 命令 2

※拓展练习※

根据以下网络拓扑图来完成练习。

1) 根据网络拓扑图连接网络，如图 4-128 所示。

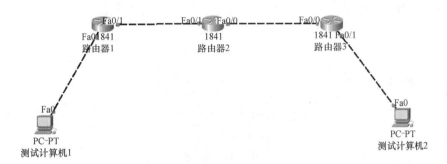

图 4-128　网络拓扑图

2) 划分 IP 地址，见表 4-16。

表 4-16　划分 IP 地址

设备	IP 地址	子网掩码	网关	接口
计算机 1（PC1）	10.0.0.2	255.0.0.0	10.0.0.1	路由器 1 的 fa0/0 端口
计算机 2（PC2）	40.0.0.2	255.0.0.0	40.0.0.1	路由器 3 的 fa0/1 端口
路由器 1（fa0/0）端口	10.0.0.1	255.0.0.0		
路由器 1（fa0/1）端口	20.0.0.1	255.0.0.0		
路由器 2（fa0/0）端口	30.0.0.1	255.0.0.0		
路由器 2（fa0/1）端口	20.0.0.2	255.0.0.0		
路由器 3（fa0/0）端口	30.0.0.2	255.0.0.0		
路由器 3（fa0/1）端口	40.0.0.1	255.0.0.0		

3) 配置计算机 IP 地址。

4) 配置路由器 1 各个端口的 IP 地址及端口状态。

5) 配置路由器 2 各个端口的 IP 地址及端口状态。

6) 配置路由器 3 各个端口的 IP 地址及端口状态。

7) 配置路由器 1 的静态路由或动态路由。

8) 配置路由器 2 的静态路由或动态路由。

注意：静态路由需要设置两次，一次是对于测试计算机 1，另一次是对于测试计算机 2，要双向设置才行。

9) 配置路由器 3 的静态路由或动态路由。

10) 查看并检查路由器 1 的路由状态信息。

11) 查看并检查路由器 2 的路由状态信息。

12) 查看并检查路由器 3 的路由状态信息。

13) 使用 ping 命令来测试网络连通性。

※项目评价※

项目评价见表4-17。

表4-17　项目评价

评价要素	知识点(技能点)	评价标准
局域网的组建与调试	对 IP 地址进行子网划分	确定 IP 地址的类型
		确定网络地址和主机地址
		求出子网数目对应二进制数的位数 N
		求出 IP 地址的原子网掩码
		得出进行划分后的子网 IP 地址范围
		确定子网范围和子网的广播地址
	使用交换机组建网络	正确按照网络拓扑图连接网络
		正确使用 telnet 命令连接交换进入配置
		正确使用交换机配置命令
		使用 ping 命令测试后,实现网络要求
	使用路由器进行网络拓展	正确按照网络拓扑图连接网络
		正确使用 telnet 命令连接交换进入配置
		正确使用路由器静态路由命令配置网络,并测试连通
		正确使用路由器动态路由命令配置网络,并测试连通
		使用 ping 命令测试后,实现网络要求

项目三
组建C/S（客户机/服务器）局域网

※项目描述※

随着计算机网络技术的不断发展以及网络的迅速普及，全社会对网络的依赖程度都有了大幅度的提高。C/S（Client/Server）结构即客户机和服务器结构，是计算机网络中重要的应用技术之一。在网络应用系统开发过程中，C/S体系架构得到了广泛的应用。它的特点是，应用程序逻辑通常仅分布在客户端上，客户机发出对数据资源的访问请求，服务器端将数据返回客户端，并且当数据到达客户端时，客户机还会对数据进行处理，并且呈现出来。C/S网络结构相对于对等网而言，功能更加完善、数据更加安全，多应用于大中型企、事业单位。C/S网络结构要求网络中除一般客户端以外，还要有专门的服务器提供各种网络服务。服务器所用的操作系统多为 Windows Server 2003、Windows Server 2008 等。本项目主要是完成服务器端 Windows Server 2008 操作系统下 Internet 信息服务、DNS 服务、DHCP 服务、Web 服务和 FTP 服务的安装与设置，从而使 C/S 局域网提供多种多样的服务。

※项目分析※

本项目设置了以下三个任务：建立 Internet 信息服务、配置 DNS 和 DHCP 服务、建立与配置 WWW 和 FTP 服务，如图 4-129 所示。

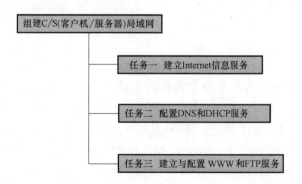

图 4-129　组建 C/S（客户机/服务器）局域网包括的三个任务

※项目准备※

1. 传输介质：双绞线至少三根
2. 一台已经安装好 Windows Server 2008 操作系统的计算机作为服务器，至少一台安装

好 Windows 7 或 Windows XP 操作系统的计算机作为客户端

3. 三层交换机或路由器

4. 客户端、服务器与三层交换机（路由器）正确连接在一起

5. 测试用的 Web 站点文件

任务一　建立 Internet 信息服务

任务描述

Internet 信息服务（Internet Information Services，IIS，）是由微软公司提供的基于运行 Microsoft Windows 的互联网基本服务。它提供了强大的 Internet 和 Intranet 服务功能，并且使用方便，在局域网中得到了广泛使用。本任务主要是完成服务器端 Windows Server 2008 操作系统中 Internet 信息服务的安装。

任务分析

本任务分为以下几个步骤：打开服务器管理器、启动添加角色向导、选择服务角色、确认安装、进行测试，如图 4-130 所示。

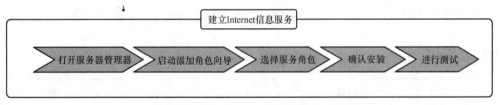

图 4-130　建立 Internet 信息服务的步骤

知识储备

Internet 信息服务简介

IIS 是一种 Web 服务器，其作为当今流行的 Web 服务器之一，提供了强大的 Internet 和 Intranet 服务功能。IIS 通过超文本传输协议（HTTP）传输信息，还可配置 IIS 以提供文件传输协议（FTP）和其他服务，如 NNTP 服务、SMTP 服务等。IIS 的设计目标是提供适应性强的 Internet 和 Intranet 服务器功能。通过围绕 Windows NT 操作系统所做的优化，使 IIS 具有相当高的执行效率、出色的安全保密性能，以及启动迅速和易于管理等特点。IIS 还有一个优势是只为一种操作系统平台进行优化，由于不需要考虑可移植性问题，因而其性能的优化就更为有效。此外，借助 Windows NT 的负载平衡服务可以很容易地建立起一个服务器集群，从而实现将负载均衡地分散到集群内的各个服务器上，所以对于大型网站的建立，Windows NT 加 IIS 也是一个理想的解决方案。IIS 提供了一套完整的、易于使用的 Web 站点架设方案，除了可用来架设站点的 Web 服务器外，IIS 还集成了用于文件传输的 FPT 服务器软件和用于邮件发送的 SMTP 服务器软件，因而是一个多功能的互联网服务器软件。IIS 提供了 ASP（Actice Server Pages）动态网页设计技术。使

— 164 —

用 ASP 可以综合 HTML 语言和 VBScript、JavaScript、PerlScrept 等多种脚本语言，而且可以使用 COM 组件追寻动态交互式网页和功能强大的 Web 应用程序。

任务实施

步骤 1：打开服务器管理器

用鼠标右键单击"我的电脑"，在弹出的快捷菜单中选择"管理"选项，打开"服务器管理器"窗口，如图 4-131 所示。

步骤 2：启动添加角色向导

1）在"服务器管理器"窗口中选择"角色"，如图 4-132 所示。

图 4-131　启动服务器管理

图 4-132　"服务器管理器"窗口

2）单击右侧的"添加角色"按钮，弹出"添加角色向导"对话框，如图 4-133 所示。

图 4-133　"添加角色向导"对话框

步骤 3：选择服务器角色

1）单击"下一步"按钮，弹出选择服务器角色对话框，选中"Web 服务器（IIS）"复选框（见图 4-134），弹出"是否添加 Web 服务器（IIS）所需的功能?"对话框单击"添加必需的功能"按钮，如图 4-135 所示。

图 4-134　"选择服务器角色"对话框

图 4-135　"是否添加 Web 服务器（IIS）所需的功能?"对话框

> **小提示**：Windows 进程激活服务通过删除对 HTTP 的依赖关系，可统一 Internet 信息服务（IIS）进程模型。通过使用非 HTTP，以前只可用于 HTTP 应用程序的 IIS 的所有功能现在都可用于运行 Windows Communication Foundation（WCF）服务的应用程序。IIS 7.0 还使用 Windows 进程激活服务通过 HTTP 实现基于消息的激活。

2）选择"角色"，单击"下一步"按钮，出现"Web 服务器（IIS）"对话框，单击"下一步"按钮，如图 4-136 所示。

3）单击"下一步"按钮，弹出"选择角色服务"对话框，选中需要安装的组件。这里除了采用默认安装外，为今后使用 Web 的扩展功能，同时也选中"应用程序开发"选项，如图 4-137 所示。

图 4-136　"Web 服务器（IIS）"对话框

— 166 —

图 4-137 "选择角色服务" 对话框

小提示：采用默认安装，只会安装最少的一组角色服务。如果需要其他 IIS 角色服务，如"应用程序开发"或"运行状况和诊断"，请确保选中与这些功能关联的复选框。

步骤 4：确认安装

1）单击"下一步"按钮，进入"确认安装选择"对话框，如图 4-138 所示。

2）单击"安装"按钮，开始 IIS 服务的安装，等待片刻后，提示安装成功，如图 4-139 所示。

图 4-138 "选择角色服务" 对话框   图 4-139 "安装结果" 对话框

步骤 5：进行测试

单击"关闭"按钮，在打开的浏览器的地址栏中输入"http：//localhost"，如图 4-140 所示，证明 IIS 已经安装成功。

小提示：localhost 指当前所在的计算机的本机地址。在 Windows 系统中，它成了 IP 地址 127.0.0.1 的别名。在 Hosts 文件中，localhost 指向的 IP 是 127.0.0.1 这个关系是可以修改的。

图 4-140　安装成功

※知识链接※

IIS 7.0 介绍

IIS 7.0 是指 Windows Server 2008、Windows Server 2008 R2、Windows Vista 和 Windows 7 的某些版本中包含的 IIS 版本。Web 服务器在 IIS 70 中经过重新设计，能够通过添加或删除模块来自定义服务器，以满足特定需求。IIS 7.0 核心 Web 服务器与 IIS 6.0 比较，有一些根本性的变化。例如，本机代码和托管代码可以通过单一的请求流程进行处理。集成化的流程使得不同的应用框架可以在单一的 Web 服务器请求流水线中运行，为所有应用程序提供了内建的 ASP.NET 可扩展性。IIS 7.0 还支持使用.NET 框架开发核心 Web 服务器扩展。IIS 7.0 集成了现存的用于 ASP.NET 的 IHttpModule API，使得所有请求代码模块都能够访问请求流程中的所有事件。IIS 7.0 包括一个新的 Runtime State and Control API，提供了关于应用程序池、工作进程、网站、应用程序域和运行中的请求的实时状态信息。该信息通过本机 COM 组件 API 暴露出来。该 API 是通过新的 IIS WMI 提供者 Appcmd.exe 和 IIS Manager 包装暴露出来的。

Windows Server 2008 提供了在生产环境中支持 Web 内容承载所需的全部 IIS 功能。Windows Vista 也提供了 IIS 功能，但可用功能取决于 Windows Vista 的版本。Windows Vista 中的 IIS 对于想要构建和测试 Web 应用程序的用户而言十分理想。

IIS 7.0 包括 Microsoft.Web.Administration 接口编程用来管理服务器。IIS 7.0 还包括一个新的 Windows Management Instrumentation（WMI）提供者用来提供访问配置和服务器的状态信息给 VBScript 和 JScript。通过使用 WMI，管理员可以轻松地自动化配置的基本任务以及管理网站和应用程序。

图形界面的新 IIS 管理器在防火墙里不开放任何端口的情况下就可以通过 HTTP 的远程管理，该管理工具是完全可扩展的。

图形界面的新 IIS 管理器支持 HTTP 远程管理协议，在无须 DCOM 的情况下允许无缝地进行本地、远程、跨互联网的连接或在防火墙里开放其他管理端口。

任务二　配置 DNS 和 DHCP 服务

任务描述

Internet 网址都是使用数字形式的 IP 地址，IP 地址为一串数字不方便记忆。为了方便使用，可以为网站取一个域名。为了使域名与 IP 地址一一对应，引入了 DNS（Domain Name System，域名解析系统）。现在，DNS 服务是必备的网络服务之一。

任务分析

本任务的步骤如图 4-141 所示。

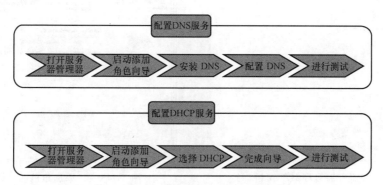

图 4-141　配置 DNS 和 DHCP 服务的步骤

知识储备

一、DNS 服务

DNS（Domain Name System，域名解析系统）帮助用户在互联网上寻找路径。在互联网上的每一台计算机都拥有一个唯一的地址，称为"IP 地址"（即互联网协议地址）。DNS 命名用于 Internet 等 TCP/IP 网络中，通过用户友好的名称查找计算机和服务。当用户在应用程序中输入 DNS 名称时，DNS 服务可以将此名称解析为与之相关的其他信息。

二、DHCP 服务

当两台连接到互联网上的计算机相互通信时，必须有各自的 IP 地址。由于 IP 地址资源有限，不能做到给每个用户都能分配一个固定的 IP 地址，所以要采用 DHCP（Dynamic Host Configuration Protocol，动态主机配置协议）方式对网络中的用户进行临时的地址分配。也就是说，当某台计算机连接到网络中时，DHCP 服务器才从地址池里临时分配一个 IP 地址，每次分配的 IP 地址可能会不一样，这跟当时的 IP 地址资源有关。当连接断开时，DHCP 服务器可能就会把这个地址分配给之后上线的其他计算机。这样就可以有效节约 IP 地址，既保证了通信，又提高 IP 地址的使用率。

任务实施

一、配置 DNS 服务

步骤 1：打开服务器管理器

用鼠标右键单击"我的电脑"，在弹出的快捷菜单中选择"管理"选项，打开"服务器管理器"窗口。在"服务器管理器"窗口中选择"角色"，如图 4-142 所示。

步骤 2：启动添加角色向导

单击右侧的"添加角色"按钮，弹出"添加角色向导"对话框，如图 4-143 所示。

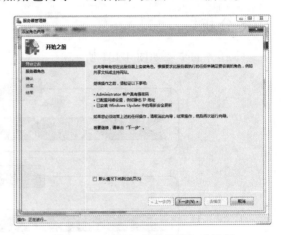

图 4-142 "服务器管理器"窗口   图 4-143 "添加角色向导"对话框

步骤 3：安装 DNS

1) 单击"下一步"按钮，弹出选择服务器角色对话框，选中"DNS 服务器"复选框，如图 4-144 所示。

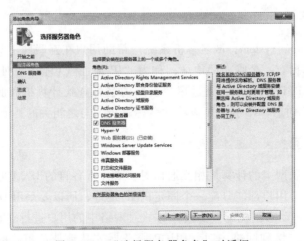

图 4-144 "选择服务器角色"对话框

2) 选择"角色"，单击"下一步"按钮，出现"DNS 服务器"对话框，单击"下一步"按钮，如图 4-145 所示。

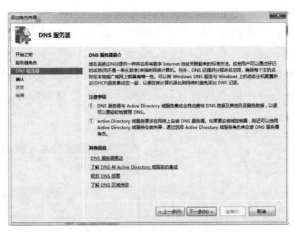

图 4-145　"DNS 服务器"对话框

3）单击"下一步"按钮，进入"确认安装选择"对话框，如图 4-146 所示。

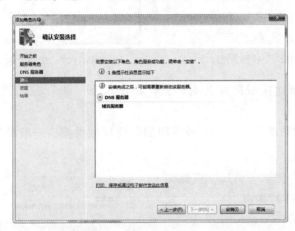

图 4-146　"确认安装选择"对话框

4）单击"安装"按钮，开始 DNS 服务的安装，等待片刻后，提示安装成功，如图 4-147所示。

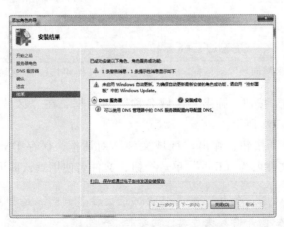

图 4-147　"安装结果"对话框

步骤 4：配置 DNS

1）单击"开始"→"管理工具"→"DNS"命令，弹出"DNS 管理器"窗口，如图 4-148 所示。

2）为了使 DNS 服务器能够将域名解析成 IP 地址，必须首先在 DNS 区域中添加正向查找区域。用鼠标右键单击"正向查找区域"，在弹出的快捷菜单中单击"新建区域"命令，如图 4-149 所示。

图 4-148　"DNS 管理器"窗口　　　　　图 4-149　单击"新建区域"命令

3）系统弹出"新建区域向导"对话框，单击"下一步"按钮进行创建，如图 4-150 所示。

4）在区域类型对话框中列出了三种不同的创建区域类型，一般采用主要区域类型，如图 4-151 所示。

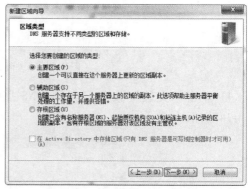

图 4-150　"新建区域向导"对话框　　　　图 4-151　"区域类型"对话框

5）单击"下一步"按钮，弹出"区域名称"对话框，在"区域名称"对话框中输入"mysite.com"，如图 4-152 所示。

6）单击"下一步"按钮，弹出"区域文件"对话框，保存 DNS 信息到系统文件中。选中"创建新文件，文件名为（C）:"单选按钮，文件名使用默认即可，如图 4-153 所示。

> **小提示：** 如果要从另一个 DNS 服务器将记录文件复制到本地计算机，则选中"使用此现存文件"单选按钮，并输入现存文件的路径。

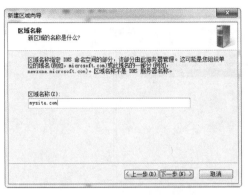

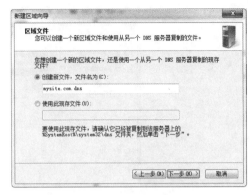

图 4-152　"区域名称"对话框　　　　　　图 4-153　"区域文件"对话框

7）单击"下一步"按钮，弹出"动态更新"对话框。这里使用默认设置，选中"不允许动态更新"单选按钮，如图 4-154 所示。

> **小提示**：如何选择允许动态更新，则会使客户端在 DNS 服务器区域添加、修改和删除资源记录，存在一定的安全风险，所以一般选中"不允许动态更新"单选按钮。

8）单击"下一步"按钮，在弹出的"正在完成新建区域向导"对话框中显示刚才设置的相关信息，如图 4-155 所示。

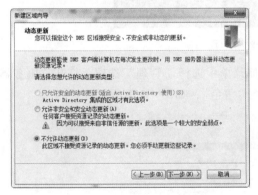

图 4-154　"动态更新"对话框　　　　　　图 4-155　"完成新建区域向导"对话框

9）单击"完成"按钮，结束区域创建。此时会在"DNS 管理器"对话框中显示新区域的名称，如图 4-156 所示。

步骤 5：进行测试

单击"开始"→"运行"命令，在"运行"对话框中输入"cmd"，按<Enter>键，打开命令提示符，输入 nslookup 命令按<Enter>键，在 > 提示符下输入刚才建立的主机名"www. mysite. com"按<Enter>键。若出现和主机名同配置的 IP 地址，则表示配置成功，如图 4-157 所示。

二、配置 DHCP 服务

步骤 1：打开服务器管理器

图 4-156 "DNS 管理器"对话框

图 4-157 命令提示符

用鼠标右键单击"我的电脑",在弹出的快捷菜单中选择"管理"选项,打开"服务器管理器"窗口。在"服务器管理器"窗口中选择"角色",如图 4-158 所示。

图 4-158 "服务器管理器"窗口

步骤 2:启动添加角色向导

单击右侧的"添加角色"按钮,弹出"添加角色向导"对话框,然后单击"下一步"按钮进入选择要安装的角色窗口,如图 4-159 所示。

步骤 3:选择服务器角色

图 4-159　"添加角色向导"对话框

1）在"选择服务器角色"对话框中选中"DHCP 服务"复选框，如图 4-160 所示。

图 4-160　"选择服务器角色"对话框

2）单击"下一步"按钮，弹出"DHCP 服务器"对话框，如图 4-161 所示。

图 4-161　"DHCP 服务器"对话框

3）单击"下一步"按钮，弹出"选择网络连接绑定"对话框，此时会显示当前主机的 IP 地址，如图 4-162 所示。

图 4-162　"选择网络连接绑定"对话框

4）单击"下一步"按钮，弹出"指定 IPv4 DNS 服务器设置"对话框，设置局域网客户端将用于名称解析的父域名及 DNS 服务器的 IP 地址，如图 4-163 所示。

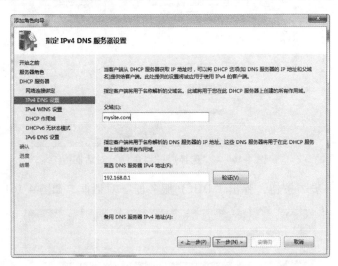

图 4-163　"指定 IPv4 DNS 服务器设置"对话框

　　小提示：这里设置的父域将用于这台 DHCP 服务器上创建的所有作用域，而 DNS 服务器地址将会被集成到 DHCP 服务器中，当 DHCP 服务器更新 IP 地址信息时，相应的 DNS 更新会将计算机的名称到 IP 地址的关联进行同步。

5）单击"下一步"按钮，弹出"指定 IPv4 WINS 服务器设置"对话框，向导提示窗口会询问是否要设置 WINS 服务器地址参数。此时默认选中"此网络上的应用程序不需要WINS"单选按钮，如图 4-164 所示。

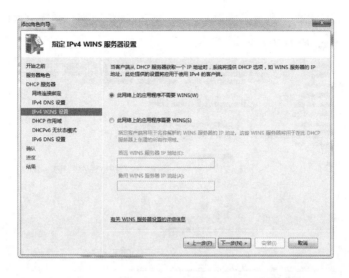

图 4-164 "指定 IPv4 WINS 服务器设置"对话框

> **小提示**：当本地局域网中确实存在 WINS 服务器时，就可以选中"此网络上的应用程序需要 WINS"单选按钮，之后正确设置好目标 WINS 服务器的 IP 地址。如果设置了该参数，那么该参数同样也会自动适用于局域网中的所有客户端。

6）单击"下一步"按钮，弹出"添加或编辑 DHCP 作用域"对话框，如图 4-165 所示。此时单击"添加"按钮，弹出"添加作用域"对话框，如图 4-166 所示。在该对话框中设置作用域名称、起始 IP 地址、结束 IP 地址、子网类型、子网掩码、默认网关等相关信息。这些参数根据当前网络实际情况自行设置。设置完毕后，单击"确定"按钮。

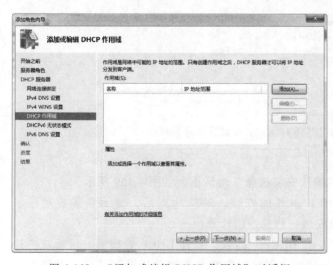

图 4-165 "添加或编辑 DHCP 作用域"对话框

图 4-166 "添加作用域"对话框

7）单击"下一步"按钮，弹出"配置 DHCPv6 无状态模式"对话框，如图 4-167 所示。在 Windows Server 2008 中默认增加了对下一代 IP 地址规范 IPv6 的支持，不过就目前的网络现状来说很少用到 IPv6，因此选择对此服务器禁用 DHCPv6 无状态模式。

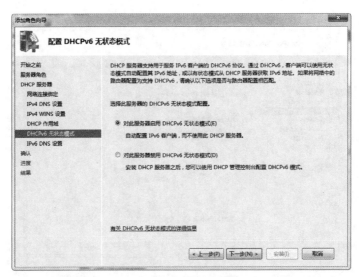

图 4-167 "配置 DHCPv6 无状态模式"对话框

8）单击"下一步"按钮，弹出"指定 IPv6 DNS 服务器设置"对话框，设置父域，首选 DNS 服务器 IPv6 地址使用默认即可，如图 4-168 所示。

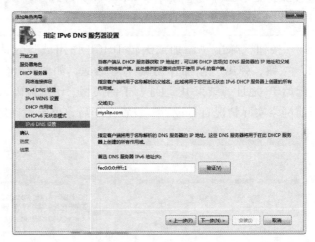

图 4-168 "指定 IPv6 DNS 服务器设置"对话框

步骤 4：确认安装

1）单击"下一步"按钮，弹出"确认安装选择"对话框，如图 4-169 所示。

2）单击"安装"按钮，开始 DHCP 服务的安装，等待片刻后，提示安装成功，如图 4-170所示。单击"关闭"按钮完成安装，然后重启计算机。

3）单击"开始"→"管理工具"→"DHCP"命令，打开 DHCP 管理器，然后双击计算机名称"user-kskpvfgeO4"，展开树状结构，用鼠标右键单击"作用域"选项，在弹出的快捷菜单中单击"属性"命令，如图 4-171 所示。

4）在作用域属性对话框中的"常规"选项卡中，可以对刚才添加的作用域进行修改，包括作用域名称、起始 IP 地址、结束 IP 地址、租用期限等，如图 4-172 所示。

图 4-169 "确认安装选择"对话框

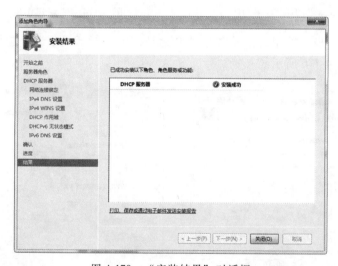

图 4-170 "安装结果"对话框

图 4-171 "DHCP"窗口

图 4-172 作用域属性对话框

是（蓝字段在边）

5）如果要添加新的作用域，在"DHCP"窗口中，用鼠标右键单击"IPv4"命令，在弹出的快捷菜单中单击"新建作用域"命令，如图4-173所示。

6）此时弹出"新建作用域向导"对话框，如图4-174所示。单击"下一步"按钮，在弹出的"作用域名称"对话框中设置名称和描述，如图4-175所示。

图4-173　"DHCP"窗口　　　　　　　　图4-174　"新建作用域向导"对话框

7）单击"下一步"按钮，在弹出的"IP地址范围"对话框中设置起始和结束IP地址及子网掩码，如图4-176所示。

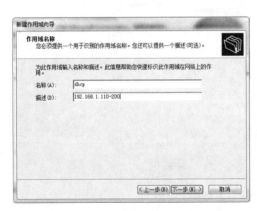

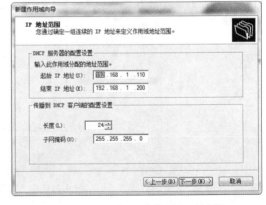

图4-175　"作用域名称"对话框　　　　　图4-176　"IP地址范围"对话框

8）单击"下一步"按钮，在弹出的"添加排除和延迟"对话框中设置作用域需要排除的起始和结束IP地址，然后单击"添加"按钮，则将其添加到"排除的地址范围"列表中，如图4-177所示。

9）单击"下一步"按钮，在弹出的"租用期限"对话框中设置作用域租用时间，如图4-178所示。

10）单击"下一步"按钮，弹出"配置DHCP选项"对话框，选中"是，我想现在配置这些选项"单选按扭，如图4-179所示。

11）单击"下一步"按钮，在弹出的"路由器（默认网关）"对话框中设置路由器（网关）的IP地址（如果没有网关可以不填），如图4-180所示。

12）单击"下一步"按钮，在弹出的"域名称和DNS服务器"对话框中设置进行DNS解析时用的父域、服务器名称和IP地址，然后单击"添加"按钮，将其加入IP地址列表

（这里使用前面设置的 DNS 服务器），如图 4-181 所示。

图 4-177　"添加排除和延迟"对话框

图 4-178　"租用期限"对话框

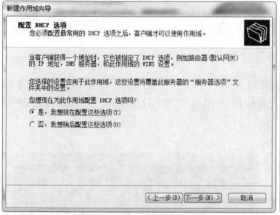

图 4-179　"配置 DHCP 选项"对话框

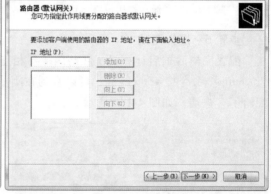

图 4-180　"路由器（默认网关）"对话框

13）单击"下一步"按钮，在弹出的"WINS 服务器"对话框中设置 WINS 服务器的名称和 IP 地址（如果没有 WINS 可以不填），如图 4-182 所示。

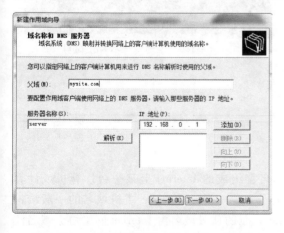

图 4-181　"域名称和 DNS 服务器"对话框

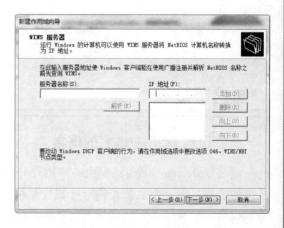

图 4-182　"WINS 服务器"对话框

14）单击"下一步"按钮，弹出"激活作用域"对话框，选中"是，我想现在激活此作用域"单选按钮，如图 4-183 所示。

15）单击"下一步"按钮，在弹出的对话框中单击"完成"按钮，结束新作用域的添加，如图 4-184 所示。此时在"DHCP"管理器中会看到新添加的作用域，如图 4-185 所示。

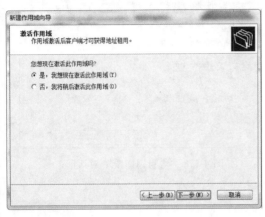

图 4-183　"激活作用域"对话框

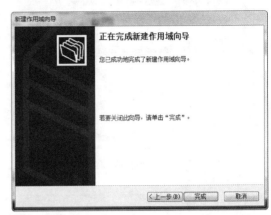

图 4-184　"正在完成新建作用域向导"对话框

步骤 5：进行测试

配置完毕后重启计算机。在与服务器相连接的另外一台客户端上打开命令提示符，输入"ipconfig"命令按<Enter>键，可以看到在刚才添加的作用域范围中的 IP 地址已经被自动分配给了客户端，如图 4-186 所示。

图 4-185　"DHCP"对话框

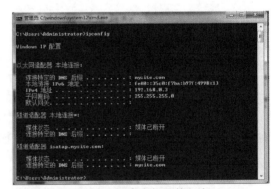

图 4-186　"命令提示符"窗口

※知识链接※

一、理解 DNS 中域名的概念

域名（Domain Name）是由一串用点分隔的名字组成的 Internet 上某一台计算机或计算机组的名称，用于在数据传输时标识计算机的电子方位。通常 Internet 主机域名的一般结构为主机名，三级域名，二级域名，顶级域名。Internet 的顶级域名由 Internet 网络协会域名注册查询负责网络地址分配的委员会进行登记和管理，它还为 Internet 的每一台主机分配唯一的 IP 地址。域名可分为不同的级别，包括顶级域名、二级域名和三级域名等。

1. 顶级域名

顶级域名又分为以下两类：

1）国家顶级域名（nTLDs）。全世界有 200 多个国家都按照 ISO 3166 国家代码分配了顶级域名，如中国是 cn、美国是 us、日本是 jp 等。

2）国际顶级域名（iTDs）。例如，表示工商企业的 .com、表示网络提供商的 .net、表示非营利组织的 .org 等。为加强域名管理，解决域名资源的紧张，Internet 协会、Internet 分址机构及世界知识产权组织（WIPO）等国际组织经过广泛协商，在原来三个国际通用顶级域名的基础上，新增加了七个国际通用顶级域名：firm（公司企业）、store（销售公司或企业）、Web（突出 WWW 活动的单位）、arts（突出文化、娱乐活动的单位）、rec（突出消遣、娱乐活动的单位）、info（提供信息服务的单位）、nom（个人），并在世界范围内选择新的注册机构来受理域名注册申请。

2. 二级域名

二级域名是指顶级域名之下的域名，在国际顶级域名下，它是指域名注册人的网上名称，如 ibm、yahoo、microsoft 等；在国家顶级域名下，它是表示注册企业类别的符号，如 com、edu、gov、net 等。

中国在国际互联网络信息中心（Inter NIC）正式注册并运行的顶级域名是 CN，这也是中国的一级域名。在顶级域名之下，中国的二级域名又分为类别域名和行政区域名两类。类别域名共六个，包括用于科研机构的 ac，用于工商金融企业的 com，用于教育机构的 edu，用于政府部门的 gov，用于互联网络信息中心和运行中心的 net，用于非营利组织的 org。而行政区域名有 34 个，分别对应于中国各省、自治区和直辖市。

3. 三级域名

三级域名由字母（A~Z、a~z、大小写等）、数字（0~9）和连接符（-）组成，各级域名之间用实点（.）连接，三级域名的长度不能超过 20 个字符。如无特殊原因，建议采用申请人的英文名（或者缩写）或者汉语拼音名（或者缩写）作为三级域名，以保持域名的清晰性和简洁性。

二、DHCP 的工作原理

1. 寻找 Server

当 DHCP 客户端第一次登录网络时，它会向网络发出一个 DHCPDISCOVER 封包。因为客户端还不知道自己属于哪一个网络，所以封包的来源地址会为 0.0.0.0，而目的地址则为 255.255.255.255，然后再附上 DHCPDISCOVER 的信息向网络进行广播。

在 Windows 的预设情形下，DHCPDISCOVER 的等待时间预设为 1s，也就是当客户端将第一个 DHCPDISCOVER 封包送出去之后，如果在 1s 之内没有得到回应，就会进行第二次 DHCPDISCOVER 广播。若一直得不到回应，则客户端一共会有四次 DHCPDISCOVER 广播（包括第一次在内），除了第一次会等待 1s 之外，其余三次的等待时间分别是 9、13、16s。如果都没有得到 DHCP 服务器的回应，客户端则会显示错误信息，宣告 DHCPDISCOVER 的失败。之后，基于使用者的选择，系统会继续在 5min 之后再重复一次 DHCPDISCOVER 的过程。

2. 提供 IP 租用位址

当 DHCP 服务器监听到客户端发出的 DHCPDISCOVER 广播后，它会从那些还没有租出的地址范围内选择最前面的空置 IP，连同其他 TCP/IP 设定，回应给客户端一个 DHCPOFFER 封包。

由于客户端在开始的时候还没有 IP 位址，所以在其 DHCPDISCOVER 封包内会带有其 MAC 位址信息，并且有一个 XID 编号来辨别该封包，DHCP 服务器回应的 DHCPOFFER 封包则会根据这些资料传递给要求租约的客户。根据服务器端的设定，DHCPOFFER 封包会包含一个租约期限的信息。

3. 接受 IP 租约

如果客户端收到网络上多台 DHCP 服务器的回应，则只会挑选其中一个 DHCPOFFER（通常是最先抵达的那个），并且会向网络发送一个 DHCPREQUEST 广播封包，告诉所有 DHCP 服务器它将指定接受哪一台服务器提供的 IP 位址。

同时，客户端还会向网络发送一个 ARP 封包，查询网络上面有没有其他机器使用该 IP 位址；如果发现该 IP 已经被占用，客户端则会送出一个 DHCPDECLINE 封包给 DHCP 服务器，拒绝接受其 DHCPOFFER，并重新发送 DHCPDISCOVER 信息。

4. 租约确认

当 DHCP 服务器接收到客户端的 DHCPREQUEST 之后，会向客户端发出一个 DHCPACK 回应，以确认 IP 租约的正式生效，这样也就结束了一个完整的 DHCP 工作过程。

任务三　建立与配置 WWW 和 FTP 服务

任务描述

本任务是在服务器端的 Windows Server 2008 操作系统中安装与配置 WWW 服务与 FTP 服务。在 WWW 服务中配置 Web 站点，然后使用准备好的站点文件进行简单测试，接着安装 FTP 服务并进行配置，最后进行简单测试。

任务分析

建立与配置 WWW 和 FTP 服务的步骤如图 4-187 所示。

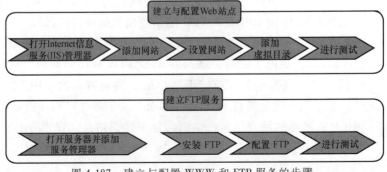

图 4-187　建立与配置 WWW 和 FTP 服务的步骤

知识储备

一、WWW 服务

WWW 服务是目前应用最广的一种基本互联网应用，每天上网都要用到这种服务。由于 WWW 服务使用的是超文本链接（HTML），所以可以很方便地从一个信息页转换到另一个信息页。它不仅能查看文字，还可以欣赏图片、音乐、动画。最流行的 WWW 服务的程序就是微软的 IE 浏览器。其特点如下：以超文本方式组织网络多媒体信息，用户可以在世界范围内任意查找、检索、浏览及添加信息，提供生动直观、易于使用且统一的图形用户界面，服务器之间可以互相链接，可以访问图像、声音、影像和文本型信息等。

WWW 是一种信息服务方式，而 Web 站点则是存放信息的载体。要实现 Web 站点的 WWW 服务，就需要在 IIS 服务中进行正确的配置。

二、FTP 服务

FTP 即文件传输协议。它使得主机间可以共享文件。FTP 使用 TCP 生成一个虚拟连接，用于控制信息；然后再生成一个单独的 TCP 连接，用于数据传输。控制连接使用类似 Telnet 协议在主机间交换命令和消息。FTP 是 TCP/IP 网络上两台计算机传送文件的协议，是在 TCP/IP 网络和 Internet 上最早使用的协议之一，它属于网络协议组的应用层。FTP 客户机可以给服务器发出命令来下载文件、上传文件、创建或改变服务器上的目录。

FTP 的主要作用是让用户连接上一个远程计算机（这些计算机上运行着 FTP 服务器程序），查看远程计算机上有哪些文件，然后把文件从远程计算机上复制到本地计算机，或把本地计算机的文件发送到远程计算机。

任务实施

一、建立与配置 Web 站点

步骤 1：打开 Internet 信息服务（IIS）管理器

单击"开始"→"管理工具"→"Internet 信息服务管理器"命令，打开 Internet 信息服务（IIS）管理器，然后双击计算机名称 USER-KSKPVFGEO4，展开树状结构，如图 4-188 所示。

步骤 2：添加网站

用鼠标右键单击"网站"选项，在弹出的快捷菜单中单击"添加网站"命令，如图 4-189 所示。

步骤 3：设置网站

1）此时弹出"添加网站"对话框，设置网站名称为"mysite"；物理路径为存放站点的具体路径，这里为 D：\ mysite；绑定类型使用 http，IP 地址设置为存放站点的主机地址，这里为 192.168.0.1，端口使用默认值 80；主机名称为 www.mysite.com，如图 4-190 所示。

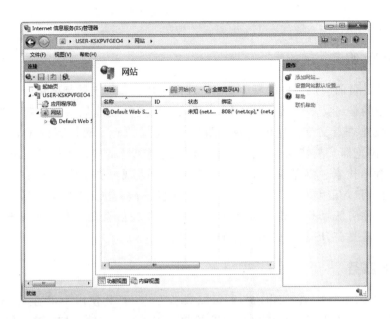

图 4-188 "Internet 信息服务（IIS）管理器"窗口

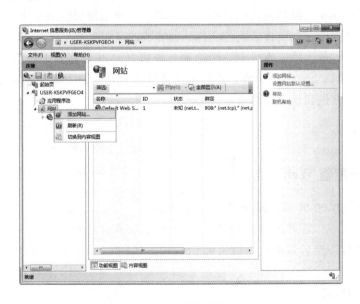

图 4-189 单击"添加网站"命令

小提示：这里使用的主机名在上一个任务设置过 DNS 域名解析，如果前面没有进行过定义，在浏览网站页面时，主机头名称将无法被浏览器直接识别。

2）单击"确定"按钮，弹出"Internet 信息服务（IIS）管理器"窗口，在列表中会看到刚才建立的站点。用鼠标右键单击 mysite 站点，在弹出的快捷菜单中单击"添加虚拟目录"命令，如图 4-191 所示。

图 4-190　"添加网站"对话框

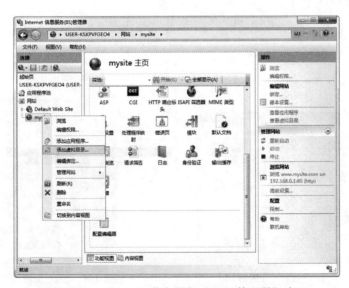

图 4-191　"Internet 信息服务（IIS）管理器"窗口

> **小提示**：虚拟目录可以将其他目录以映射的方式虚拟到当前 Web 站点的主目录下，可以将站点文件分散到不同的磁盘或计算机中，摆脱了磁盘空间限制。同时，虚拟目录隐藏了有关站点目录结构的重要信息，提高了站点的安全性。

步骤 4：添加虚拟目录

1）在"添加虚拟目录"对话框中设置别名和物理路径，然后单击"确定"按钮完成设置，如图 4-192 所示。

2）如果要修改 IP 地址、主机名和站点目录等基本信息，则可以在 "Internet 信息服务（IIS）管理器" 窗口中的右侧分别单击 "编辑网站" 下的 "绑定" 和 "基本设置" 命令，在弹出的 "编辑网站" 对话框中进行修改，如图 4-193 所示和图 4-194 所示。

图 4-192　"添加虚拟目录" 对话框

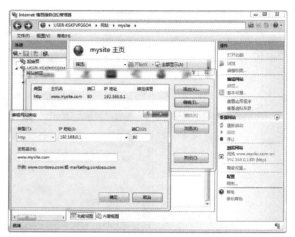

图 4-193　"Internet 信息服务（IIS）管理器" 窗口

步骤 5：进行测试

在 IE 浏览器中输入域名 www.mysite.com 会看到主页，此时 Web 站点配置成功，如图 4-195 所示。

图 4-194　"编辑网站" 对话框

图 4-195　"IE 浏览器" 窗口

二、建立 FTP 服务

步骤 1：打开服务器管理器并添加服务

单击 "开始" → "管理工具" → "服务器管理器" 命令，打开 "服务器管理器" 窗口，选择 "角色"，在右侧窗口中找到 Web 服务器下的添加角色服务选项，单击 "添加角色服务"，如图 4-196 所示。

步骤 2：安装 FTP

1）在 "角色服务" 列表的最下方选中 "FTP 服务器" 复选框，如图 4-197 所示。

图 4-196 "服务器管理器"窗口

图 4-197 "选择角色服务"对话框

2）单击"下一步"按钮，弹出"确认安装选择"对话框，单击"安装"按钮，如图 4-198 所示。

步骤 3：配置 FTP

1）安装完毕后，单击"开始"→"管理工具"→"Internet 信息服务管理器"命令，打开 IIS 服务管理器，然后双击计算机名称"USER-KSKPVFGEO4"，展开树状结构，用鼠标右键单击"网站"选项，在弹出的快捷菜单中单击"添加 FTP 站点"命令，如图 4-199 所示。

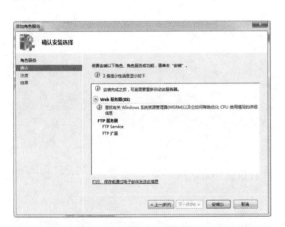

图 4-198 "确认安装选择"对话框

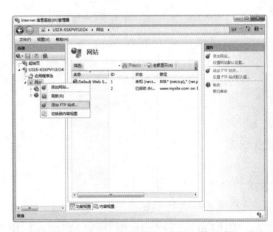

图 4-199 "Internet 信息服务（IIS）管理器"窗口

2）在"站点信息"对话框中，设置 FTP 站点名称和物理路径，如图 4-200 所示。

3）单击"下一步"按钮，在弹出的"绑定和 SSL 设置"对话框中，IP 地址使用默认的"全部未分配"，在"SSL"选项区中选中"允许"单选按钮，如图 4-201 所示。

> **小提示**：SSL（Secure Sockets Layer，安全套接层）为 Netscape 所研发，用以保障在 Internet 上数据传输的安全。它已被广泛地用于 Web 浏览器与服务器之间的身份认证和加密数据传输。这里允许 SSL 能提高访问 FTP 站点的安全性。

4）单击"下一步"按钮，在弹出的"身份验证和授权信息"对话框中的"允许访问"

下拉列表中选择"匿名用户",选中"匿名"和"读取"复选框,单击"完成"按钮,如图 4-202 所示。这样匿名用户只能下载,不能删除和上传。

图 4-200 "站点信息"对话框

图 4-201 "绑定和 SSL 设置"对话框

图 4-202 "身份验证和授权信息"对话框

步骤 4:进行测试

关闭窗口,打开 IE 浏览器。在地址栏中输入"ftp://localhost",然后按<Enter>键,浏览器将打开本机 FTP 站点,显示其中文件,如图 4-203 所示。双击其中的一个文件,会进行下载。到此 FTP 站点设置成功。

※知识链接※

一、FTP 的工作原理

与大多数 Internet 服务一样,FTP 也是一个客户机/服务器系统。用户通过一个支持 FTP 的客户机程序,连接到在远程主机上的 FTP 服务器程序。用户通过客户机程序向服务器程

图 4-203 打开本机 FTP 站点

序发出命令，服务器程序执行用户所发出的命令，并将执行的结果返回到客户机。例如，用户发出一条命令，要求服务器向用户传送某一个文件的一份拷贝，服务器会响应这条命令，将指定文件送至用户的机器上。客户机程序代表用户接收到这个文件，将其存放在用户目录中。

在 FTP 的使用中，用户经常进行"下载"（Download）和"上传"（Upload）。"下载"文件就是从远程主机复制文件至自己的计算机上，"上传"文件就是将文件从自己的计算机中复制至远程主机上。用 Internet 语言来说，用户可以通过客户机程序向（从）远程主机上传（下载）文件。

二、FTP 的工作模式

FTP 是仅基于 TCP 的服务，不支持 UDP。与众不同的是，FTP 使用两个端口，一个数据端口和一个命令端口（也可称为控制端口）。通常来说，这两个端口是 21（命令端口）和 20（数据端口）。由于 FTP 工作方式的不同，数据端口并不总是 20，这就是主动与被动 FTP 的最大不同之处。FTP 主要有以下两种工作模式。

1. 主动 FTP

主动 FTP 即 Port 模式，客户端从一个任意的非特权端口 N（N>1024）连接到 FTP 服务器的命令端口，也就是 21 端口，然后客户端开始监听端口 N+1，并发送 FTP 命令"port N+1"到 FTP 服务器，接着服务器会从它自己的数据端口（20）连接到客户端指定的数据端口（N+1）。

针对 FTP 服务器前面的防火墙来说，必须允许以下通信才能支持主动方式 FTP：

1）任何大于 1024 的端口到 FTP 服务器的 21 端口（客户端初始化的连接）。

2）FTP 服务器的 21 端口到大于 1024 的端口（服务器响应客户端的控制端口）。

3）FTP 服务器的 20 端口到大于 1024 的端口（服务器端初始化数据连接到客户端的数据端口）。

4）大于 1024 端口到 FTP 服务器的 20 端口（客户端发送 ACK 响应到服务器的数据端口）。

2. 被动 FTP

为了解决服务器发起到客户的连接的问题，人们开发了一种不同的 FTP 连接方式，这就是所谓的被动方式，或者称为 PASV，当客户端通知服务器它处于被动模式时才启用。在被动方式 FTP 中，命令连接和数据连接都由客户端发起，这样就可以解决从服务器到客户端的数据端口的入方向连接被防火墙过滤掉的问题。当开启一个 FTP 连接时，客户端打开两个任意的非特权本地端口（N > 1024 和 N+1）。第一个端口连接服务器的 21 端口，但与主动方式的 FTP 不同，客户端不会提交 PORT 命令并允许服务器来回连它的数据端口，而是提交 PASV 命令。这样做的结果是服务器会开启一个任意的非特权端口（P > 1024），并发送 PORT P 命令给客户端，然后客户端发起从本地端口 N+1 到服务器的端口 P 的连接，用来传送数据。

对于服务器端的防火墙来说，必须允许下面的通信才能支持被动方式的 FTP：

1）从任何大于 1024 的端口到服务器的 21 端口（客户端初始化的连接）。

2）服务器的 21 端口到任何大于 1024 的端口（服务器响应到客户端的控制端口的连接）。

3）从任何大于 1024 端口到服务器的大于 1024 端口（客户端初始化数据连接到服务器指定的任意端口）。

4）服务器的大于 1024 端口到远程的大于 1024 的端口（服务器发送 ACK 响应和数据到客户端的数据端口）。

※项目评价※

项目评价见表 4-18。

表 4-18　项目评价

评价要素	知识点（技能点）	评价标准
组建 C/S（客户机/服务器）局域网	建立 Internet 信息服务	正确安装 IIS 服务，并能打开管理器
	安装 DNS 服务	通过向导正确安装 DNS 服务
	配置 DNS 服务	正确添加正向查找区域，并使用命令检查 DNS
	安装 DHCP 服务	通过向导正确安装 DHCP 服务
	配置 DHCP 服务	正确添加和设置 DHCP 作用域，并使用命令检查配置
	建立 Web 站点	正确建立站点服务，添加网站
	配置 Web 站点	正确设置网站名称、物理路径、IP 地址、主机名称，通过 IE 浏览器能访问网站
	安装 FTP 服务	通过向导正确安装 FTP 服务
	配置 FTP 服务	正确设置 FTP 站点的名称、物理路径、IP 地址、端口，通过 IE 浏览器能浏览站点

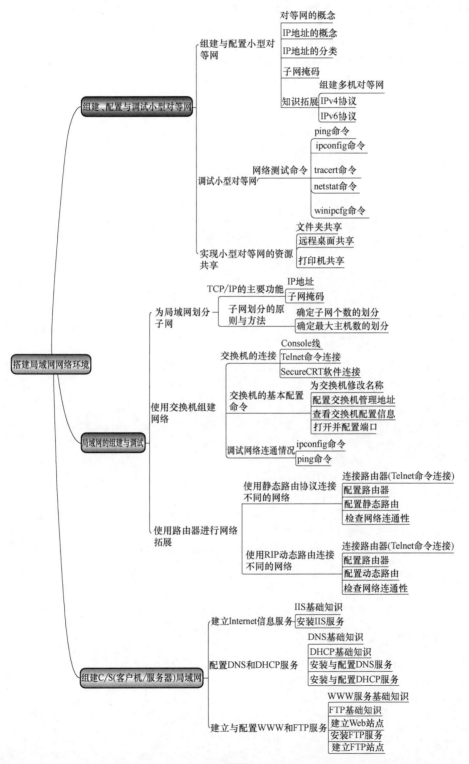

参 考 文 献

[1] 中华人民共和国信息产业部. 综合布线系统工程设计规范［S］. 北京：中国计划出版社，2007.

[2] 中华人民共和国信息产业部. 综合布线系统工程验收规范［S］. 北京：中国计划出版社，2007.

[3] 黎连业. 网络综合布线系统与施工技术［M］. 3 版. 北京：机械工业出版社，2007.

[4] 丁龙刚，王高亮. 综合布线与弱电工程［M］. 北京：机械工业出版社，2007.

[5] 张宜，等. 综合布线系统白皮书［S］. 北京：清华大学出版社，2010.

[6] 沈翃. 电工技术综合实训［M］. 北京：化学工业出版社，2010.